轻松育儿，
健康长大

陈 昭◎**编著**
(小淘老师)

吉林科学技术出版社

U0376328

图书在版编目（CIP）数据

轻松育儿，健康长大 / 陈昭编著. -- 长春：吉林
科学技术出版社，2018.8
ISBN 978-7-5578-4977-1

Ⅰ. ①轻… Ⅱ. ①陈… Ⅲ. ①婴幼儿－哺育 Ⅳ.
①TS976.31

中国版本图书馆CIP数据核字(2018)第154351号

轻松育儿，健康长大
Qingsong Yu'er, Jiankang Zhangda

编　著　陈　昭
出版人　李　梁
责任编辑　孟　波　　朱　萌　　冯　越
模特宝宝　小玉儿　　张智勋　　小水果　　马樱溪　　言　言　　耿子谦　　桃　桃
　　　　　王钤玉　　蛋　蛋　　赵文郡　　Tayloy　　玖　玖　　石依桐　　包　子
　　　　　油　油　　麦　穗　　琪　琪　　深　深　　王澜熹　　常艺潼　　程　蔚
　　　　　于澜馨　　一　一　　赵婧伊　　张木兮　　郑雅允　　桐　桐　　张博羽
　　　　　张霈怡　　张今禹　　辰　辰　　涵　涵　　晴　晴　　王梓涵　　妥　妥
　　　　　柏一诺　　朵　朵　　豆　豆
封面设计　长春市一行平面设计有限公司
制　版　长春市一行平面设计有限公司
开　本　710mm×1000mm　1/16
字　数　300千字
印　张　12.5
印　数　1-7 000册
版　次　2018年8月第1版
印　次　2018年8月第1次印刷

出　版　吉林科学技术出版社
发　行　吉林科学技术出版社
地　址　长春市人民大街4646号
邮　编　130021
发行部电话/传真　0431-85635177　85651759　85651628
　　　　　　　　　　85652585　85635176
储运部电话　0431-86059116
编辑部电话　0431-85670016
网　址　www.jlstp.net
印　刷　延边新华印刷有限公司

书　号　ISBN 978-7-5578-4977-1
定　价　39.80元

如有印装质量问题可寄出版社调换
版权所有　翻印必究　举报电话：0431-85635186

前言

在没有小孩的时候，一个人的世界还是未曾发现美洲的时候的。小孩是哥伦布，把人带到新大陆去。

——老舍

20岁出头的时候，你也许喜欢孩子，但却不知道为人父母的责任；25岁的时候，也许你突然变得不喜欢孩子了，甚至想要做丁克一族；28岁的时候，身边逐渐多了关于孩子的话题，你也开始犹豫是不是应该从二人世界变成三口之家；29岁，好孕来了，将开始肩负起孕育生命的神圣使命；30岁，伴随着一声响亮的啼哭，你顺利升级为父母，在喂养、护理、教育等日常琐事中逐渐从陌生到精通，陪伴孩子一起成长……

对于新手父母来说，在享受幸福的时候也会面临手忙脚乱、不知所措的情况。宝宝的成长只有一次，我们必须储备充足的科学育儿知识，在实践过程中强化学习，不断总结经验。基于此，我们深切体会到当今一代年轻父母对于新时代育儿知识的迫切渴望与需求，出版了《轻松育儿，健康长大》特别献给正在备孕、已经怀孕和成功升级为父母的你们。

当你们播种下一颗幸福的种子的时候，请不要忘记用阳光照耀它，用雨露滋润它，并陪伴它一起见证发芽、开花、结果的幸福时刻！

目录

第一章

0～3个月
多给我一些天使般的微笑吧!

第二章

3～6个月
终于可以看清妈妈的脸了！

第三章

6～9个月
原来辅食可以这么好吃!

第四章

9～12个月
我要探索你，世界真奇妙！

第七章

24～36个月
这是我想做的，请尊重我！

第一章

0~3个月
多给我一些天使般的微笑吧!

　　0~3个月是宝宝出生后生理的觉醒期，是从母体分离后的适应过程。亲爱的妈妈们请多给宝宝们一些天使般的微笑吧! 让他们充分感受到你们的爱。

0～1个月的宝宝

☆ ☆ ☆
体格发育监测标准

类别	男宝宝	女宝宝
身 高	45.2 ~ 55.8 厘米，平均为 50.5 厘米	44.7 ~ 55 厘米，平均为 49.9 厘米
体 重	3.09 ~ 6.33 千克，平均为 4.71 千克	2.98 ~ 6.05 千克，平均为 4.515 千克
头 围	31.8 ~ 36.3 厘米，平均为 34.1 厘米	30.9 ~ 36.1 厘米，平均为 33.5 厘米
胸 围	30.6 ~ 36.5 厘米，平均为 33.6 厘米	29.4 ~ 35.0 厘米，平均为 32.2 厘米

· 爱的寄语 ·

· 成长记事本 ·

· 宝宝趣事 ·

宝宝智能发育记录

大动作发育	1. 宝宝还不能自己改变自己身体的姿势 2. 俯卧时，头会转向一侧，骨盆会抬得高高的，下颌能短时间地离开床面 3. 仰卧时，头会转向一侧，同一侧的上下肢伸直，另一侧的上下肢屈曲 4. 手托起宝宝的胸腹部，面向下悬空，宝宝的头和下肢会自然下垂
精细动作发育	1. 宝宝的手经常握成小拳头状，如果触碰宝宝的手掌，宝宝的手就会紧紧地握拳 2. 宝宝握拳时，其拇指放在其他手指的外面
视觉发育	新生儿的视觉发育较弱，视物不清楚，但对光是有反应的，眼球的转动无目的
听觉发育	1. 醒着时，近旁 10 ~ 15 厘米处发出响声，宝宝的四肢活动会突然停止，好像在注意聆听 2. 新生儿喜欢听妈妈的声音，不喜欢听过响的声音，听见声响可引起眨眼等动作
语言能力发育	1. 能发出各种细小的喉音 2. 面部没有表情，还没有直接的注意能力 3. 与宝宝说话时，宝宝会注视成人的面孔，停止啼哭，甚至能点头
作息时间安排	1. 新生儿每天需睡 18 ~ 20 个小时。出生后，宝宝睡眠周期未养成，夜间尽量少打扰他，喂奶间隔时间由 2 ~ 3 个小时逐渐延长至 4 ~ 5 个小时，尽量使宝宝晚上多睡，白天少睡，尽快和成人生活节奏同步 2. 宝宝夜间入睡的时间最好在晚上 7 ~ 8 点，这样就能保证宝宝的睡眠时间
排泄物形态	1. 新生儿第一天的尿量一般为 10 ~ 30 毫升。出生后 36 小时之内排尿都属正常现象。随着哺乳、摄入水分的增加，宝宝的尿量逐渐增加，每天可达 10 次以上，每天总量可达 100 ~ 300 毫升，满月前后每天可达 250 ~ 450 毫升 2. 新生儿一般在出生后 12 小时排胎便。胎便呈深绿色、黑绿色或黑色黏稠糊状，一般 3 ~ 4 天可排尽。喂配方奶的宝宝大便呈淡黄色，且多为成形便，偶有便秘现象。而母乳喂养的宝宝大便为金黄色，呈糊状，每天 1 ~ 4 次，甚至更多

注：以上是属于该月龄宝宝的普遍发育水平，所以若在该月龄范围内未达标，建议加强锻炼。

☆ ☆ ☆ 小测试

序号	测试题	选项	得分
1	看 画	A. 对图画做出喜恶反应（14分） B. 对所有的图画表现一样（12分） C. 从不看画（10分）	10分为合格
2	追视红色小球	A. 向左右追视达180°，头和眼同时转动（12分） B. 仅双眼转动，幅度小于60°（10分） C. 不追视，双眼不动（0分）	10分为合格
3	看手，仰卧时伸手到眼前	A. 看手10秒以上（12分） B. 看手5秒（10分） C. 看手3秒（6分） D. 不看（0分）	10分为合格
4	随声转头	A. 随妈妈的声音转头（12分） B. 仅用眼看，但不转头（10分） C. 不动（0分）	10分为合格
5	东西放入手心	A. 紧握并放入口中（12分） B. 握紧达1分钟（10分） C. 握住马上放手（8分） D. 不握（2分）	10分为合格

序号	测试题	选项	得分
6	高兴时发出元音：a、e、i、o、u 等	A.3个（12分） B.2个（10分） C.1个（6分） D.不发音（0分）	10分为合格
7	饥饿时听到脚步声或奶瓶声	A. 停哭等待（10分） B. 哭声变小（8分） C. 仍大声啼哭（2分）	10分为合格
8	逗笑时	A. 笑出声音（12分） B. 微笑无声（10分） C. 不笑（0分）	10分为合格
9	俯卧抬头	A. 下巴离床（10分） B. 下巴贴床（8分） C. 抬眼观看（4分） D. 脸全贴床（2分）	10分为合格

测试分析

　　总分在100分以上为优秀，90～100分为正常，70分以下为暂时落后。哪一道题在合格以上，可跨过本阶段的试题，向下个阶段该能力组的试题进一步练习。

建议喂养方案

坚持母乳喂养

对于刚出生的宝宝来说，最理想的营养来源莫过于母乳了。因为母乳的营养价值高，且其所含的各种营养素的比例搭配适宜；母乳中还含有多种特殊的营养成分，如乳铁蛋白、牛磺酸、钙、磷等，这些物质及比例对宝宝的生长发育以及增强抵抗力等都有益；母乳近乎无菌，而且卫生、方便、经济，所以对宝宝来说，母乳是最好的食物，它的营养价值远远高于任何其他代乳品。

母乳的营养价值无可替代

母乳中的营养素	功效
蛋白质	大部分是易于消化的乳清蛋白，以及抵抗感染的免疫球蛋白和溶菌素
脂肪	含有不饱和脂肪酸，由于母乳中的脂肪球较小，易于宝宝吸收
糖	主要是乳糖，有利于钙、铁、锌等营养素的吸收
钙、磷	虽然含量不多，但比例适宜，易吸收
牛磺酸	含量适中，牛磺酸和胆汁酸结合，可促进宝宝消化

尽早开奶

宝宝出生后半小时，妈妈就可以进行开奶了。

最初，乳汁的量非常少，但通过宝宝的吸吮会使妈妈的乳头神经末梢得到刺激，通知大脑快速分泌催乳素，从而使乳汁大量泌出。如果不尽快开奶，就会影响正常泌乳反射的建立，使乳汁分泌越来越少。同时，也不利于妈妈子宫的恢复。

哺乳的次数、时间与哺乳量

1～3天的宝宝，按需哺乳，每次10～15分钟。（要遵循按需哺乳的原则，根据个体差异而定）

4～14天的宝宝，每2～3小时哺乳一次，每次15～20分钟，哺乳量为30～90毫升。（要遵循按需哺乳的原则，根据个体差异而定）

15～30天的宝宝，每隔3小时哺乳一次，每次15～20分钟。哺乳时间可安排在上午6时、9时、12时；下午3时、6时、9时及夜间12时、凌晨3时，每次哺乳量为70～100毫升。

哺乳的正确姿势

摇篮式

妈妈在有扶手的椅子上坐直，将孩子抱在怀里，用前臂和手掌托着孩子的头部和身体。喂右侧乳房的乳汁时用右手托，喂左侧乳房的乳汁时用左手托。放在乳房下的手臂呈 U 形，哺乳时不要弯腰，也不要探身，而是让宝宝贴近你的乳房。这是早期哺乳的理想方式。

橄榄球式

让宝宝躺在你身体的一侧，用前臂支撑宝宝的背，用手托住宝宝的颈和头。这是一个很适合剖宫产手术后哺乳的姿势，因为这样的哺乳姿势对伤口的压力很小。

侧卧式

哺乳时可以在床上侧卧，与宝宝面对面，将他的嘴和你的乳头保持水平。用枕头或用另一侧手支撑住宝宝后背。如果是在剖宫产术后，这也是一个很好的姿势。

教会新生儿含乳头

宝宝第一次吮吸妈妈乳头时小嘴含乳头的姿势要正确，如果第一次就做了错误吮吸，以后再要纠正的话难度较大。

母子腹部相贴

开始哺乳时用乳头触碰宝宝的嘴唇，此时宝宝会把嘴张开。把乳头尽可能深地放入宝宝口内，使宝宝身体靠近自己，并且使宝宝的腹部面向并接触你的腹部。

含住乳晕部分

宝宝的嘴唇和牙龈要包住乳晕（乳头周围的深色区域），这样可以避免妈妈的不舒适感。一定不要让宝宝只用嘴唇含住或吸吮乳头。如果宝宝吃奶位置正确，嘴唇应该在外面，而不是内收到牙龈上。

不要堵住宝宝的鼻子

哺乳时可以看到宝宝的下颚在来回动，并且听到轻微的吞咽声。尽量不让宝宝的鼻子接触乳房，以保证可以呼吸到足够的空气。

如果哺乳时觉得疼痛，说明哺乳的姿势错了，可将宝宝的嘴从乳头上移开，再试一次。将手指轻轻放在宝宝的嘴角让宝宝停止吮吸乳房。

❀ 小贴士

妈妈积极预防乳腺炎

在哺乳期，妈妈很容易由于乳腺淤积、输乳管堵塞等原因诱发乳腺炎。因此妈妈要保持良好的休息，而且要排空乳汁。

母乳不足时
怎么办

如何判断母乳不足

　　与配方奶不同的是母乳的量是没法目测的，因此很多的妈妈常常担心宝宝吃不饱，怕宝宝营养跟不上会影响宝宝的正常发育。

　　在出生后的第 1 个月里，如果宝宝体重正常，平均每天体重增加 30 克，那么就说明乳汁足够宝宝所需了。

序号	判断方法
1	宝宝含乳头 30 分钟以上不松口
2	明明已经哺乳 20 分钟，可间隔不到 1 小时宝宝又要吃奶了
3	宝宝体重增加不明显

注：如果有以上情况之一，可以考虑是否母乳不足了。

如果母乳不足，可以补充配方奶

　　如果母乳不足，可适当用配方奶加以补充。妈妈在给宝宝喂配方奶时，也要像喂母乳时那样将宝宝抱在怀里，边喂宝宝喝奶边温柔地跟他说话，让宝宝感受到妈妈的关爱。

采取混合喂养

　　在混合喂养时，首先要让宝宝吃母乳，宝宝吃完母乳还哭闹，不要马上喂配方奶，应先抱起宝宝，轻拍后背，听到"嗝"的声音后放下，如果还是哭闹再喂配方奶。若母乳比较充沛，可以不用补充配方奶。

人工喂养

怎样冲泡配方奶

先将沸腾的开水冷却至40℃，或用开水和之前晾好的凉白开兑至40℃，然后注入奶瓶中。水量按照奶粉罐上的说明，如一平匙奶粉兑30毫升水或60毫升水。

将热开水与凉白开混合，使水温在40℃左右，然后按所需要的水量注入奶瓶中。

按照配方奶的说明添加配方奶粉（一平匙奶粉兑30～60毫升的水，具体要求见奶粉罐）。

轻轻地摇晃加入奶粉的奶瓶，使奶粉充分溶解于水中。摇晃时易产生气泡，要多加注意。

用手腕的内侧感觉温度的高低，稍感温热即可。若过热可用流水冲凉奶瓶。

❋ 小贴士

注意冲泡的温度

冲泡奶粉时千万不要在奶瓶中先放奶粉，再加热开水，最后加凉白开。因为如果水温高于60℃，会破坏配方奶中的维生素C。

配方奶的喂养方法

注意查看奶嘴是否堵塞或者流出的速度过慢，如果将奶瓶倒置时呈现"啪嗒啪嗒"的滴奶声可以确认奶嘴没有堵塞。

喂配方奶时最常用的姿势就是横抱。和喂母乳时一样，也要边注视着宝宝，边叫着宝宝的名字。

喂母乳时，宝宝要含到妈妈的乳晕部分才能很好地吮吸乳汁，同样，在喂配方奶时也要让宝宝含住整个奶嘴。

在喝奶时应该让奶瓶倾斜一定角度，以防空气进入宝宝体内使宝宝打嗝。

喂奶后竖抱起宝宝，可以轻轻地拍打宝宝的背部，这样能防止宝宝打嗝吐奶。

让宝宝倚在妈妈的肩膀上，也可以使打嗝症状加以缓解。为了防止宝宝吐奶弄脏衣物，可在妈妈肩膀上放块手绢。

日常护理指南

怎样给新生儿洗澡

1

宝宝洗澡前，妈妈检查一遍水温，建议水温38～40℃。

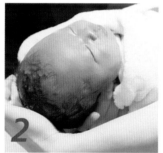

2

一只手放在宝宝的耳后，并托住颈部，另一只手将双腿撩起后托住屁股。

3

将纱布弄湿后清洗宝宝的脸部皮肤，这时先不要将宝宝的包被拿掉。

4

托住宝宝脖子，将宝宝放在洗澡架上，在脐带残端脱落之前，用纱布盖住肚脐，避免弄湿宝宝脐部造成感染。

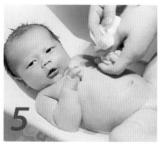

5

妈妈用拇指将宝宝的手指轻轻分开，用温水轻轻地清洗，注意腕部的清洗用力要轻。

6

再把纱布弄湿，然后轻轻擦拭宝宝的大腿根部。

仔细地清洗宝宝的屁股和性器官，尤其褶皱部位，要特别认真清洗。

用手掌轻轻搓洗腹部，在脐带残端没有完全干之前，不要触碰。

用手掌搓洗宝宝的胸部，力量要轻。

把手放在宝宝头部的后方，支在两耳之后，缓慢将宝宝的重心转移到这只手上。

背部朝上，用空出的一只手擦宝宝背部，不要忘记清洗仰面时未清洗到的宝宝头后。

 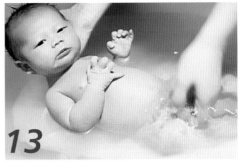

一只手托住宝宝的脖子，让宝宝仰起脖子，清洗宝宝的脖子。

将背部浸没水中，注意保持脐带残端不要浸湿，可以用手掌抚摸宝宝的身体，让宝宝能够放松下来。

如何抱新生儿

怎样抱新生儿他才舒服呢？很多妈妈不愿意把新生儿交给爸爸抱着，怕他把新生儿弄得不舒服。其实很多人在喂养新生儿和逗新生儿玩的时候都没有掌握正确地抱新生儿的姿势。抱新生儿的时候一定要注意托住新生儿的颈部、腰及臀部。

抱新生儿的姿势要遵循新生儿肌肉的发育规律，否则不仅新生儿、大人都不舒服，甚至还会发生意外。出生不久的新生儿，头大身子小，颈部肌肉发育不成熟，不足以支撑起头部的重量。如果竖着抱新生儿，他的脑袋就会摇摇晃晃；而且新生儿的臂膀很短小，无法扶在妈妈的肩上取得平衡。

❀ 小贴士

让宝宝听到你的心跳

当宝宝哭闹时，妈妈们分别抱起各自的宝宝，一组妈妈将宝宝抱在怀里，用手轻轻地拍他们；另一组妈妈将宝宝抱在怀里，只让宝宝倾听妈妈的心跳。结果发现，后一组宝宝比前一组宝宝更易安静下来。这是因为胎儿在母体内听惯了妈妈的心跳，出生后让他再听到这样熟悉的声音便会产生一种亲切感，很容易适应这种情境，而使情绪平静下来。所以妈妈抱宝宝时，可以将宝宝的头部放在身体的左侧，并有意识地让宝宝的耳朵贴近妈妈的胸前，让他能听到心跳的节律。

传统尿布 VS 纸尿裤

传统尿布应选用柔软、吸水性强、耐洗的棉织品，旧布更好，如旧棉布、床单、衣服都是很好的备选材料。也可用新棉布制作，经充分揉搓后再用。新生儿尿布的颜色以白、浅黄、浅粉为宜，忌用深色，尤其是蓝、青、紫色的。

尿布不宜太厚或过长，以免长时间夹在腿间造成下肢变形，也容易引起皮肤感染。尿布在宝宝出生前就要准备好，使用前要清洗消毒，在阳光下晒干。

纸尿裤的更换

把褶皱展平	将新纸尿裤展开，把褶皱展平，以备使用
彻底地擦拭屁股	打开脏污的纸尿裤，用浸湿的纱布擦拭屁股，不能有大便残留
取下脏纸尿裤	慢慢地将脏纸尿裤卷起，小心不要弄脏衣服、被褥或宝宝的身体
更换新纸尿裤	一只手将宝宝的屁股抬起，另一只手将新的纸尿裤放到下面
穿好新纸尿裤	将纸尿裤向肚子上方牵拉，注意左右的间隙粘好
保留腰部的纸带	在腰部留出妈妈两指的间隙，将腰部的纸带粘好即可

❀小贴士

尿布的使用

给宝宝换尿布时，要注意不能盖住宝宝的脐部。多余的部分男孩折叠到前面，女孩折叠到身后，或剪掉。

☆☆☆
家庭医生

新生儿黄疸

发病原因

1.生理性黄疸：由于新生儿胆红素代谢特点为胆红素生成相对较多、肝细胞对胆红素的摄取能力不足、血浆白蛋白联结胆红素的能力差、胆红素排泄能力缺陷、肠肝循环增多等。所以多数宝宝在出生后第1周可出现肉眼可见的黄疸。

2.病理性黄疸：由胆红素生成过多、肝脏胆红素代谢障碍及胆汁排泄障碍等特殊情况导致。

症状表现

1.生理性黄疸：一般精神状态饱满，无贫血，肝脾不大且肝功能正常，皮肤红润、黄里透红。

2.病理性黄疸：溶血性黄疸多伴有贫血、肝脾大、出血点、水肿、心衰。感染性黄疸多伴发热、感染中毒症状及体征。梗阻性黄疸多伴肝大，大便色发白，尿色黄。皮肤呈黄色或暗绿色。

治疗护理

1.生理性黄疸：生理性黄疸是一种正常的自然生理现象，大部分都会自然痊愈。如果是母乳性黄疸，没有其他异常的症状表现无须换乳。

2.病理性黄疸：如果宝宝在出生后24小时内出现黄疸症状表现并且现象严重，血液检查的总胆红素值偏高，眼白部的黄色逐渐严重，很可能是溶血性疾病或者血液类型不匹配，需要立即就医。

尿布疹

发病原因

垫尿布的部位受到粪便、尿液等外界刺激而发炎，起一粒一粒的疹子，呈红色并有溃烂现象。

症状表现

垫尿布的部位因发炎而呈红色。炎症有时会遍布整个臀部，有时候还会出现在肛门周围、腰部、大腿根部。

症状表现严重时可见到起水疱、皮肤剥脱并有刺痛感，宝宝在排尿、洗澡时都会因疼痛而哭泣。

治疗护理

医生一般会给患者开一些抑制炎症发展的非类固醇药物，如果症状表现严重可能会开类固醇类药剂。涂药时要保持皮肤清洁。

如果宝宝患了尿布疹，家长一定要注意保持宝宝臀部的清洁，勤换尿布，在宝宝每次排便、排尿后可以坐浴或淋浴将臀部清洗干净，然后擦干。每次清洗后可以给宝宝涂抹婴幼儿适用的护肤品，这样可以避免粪便、尿液直接刺激皮肤。

婴儿湿疹

发病原因

引起湿疹的原因有很多，常不稳定，总结一下就是由于内部敏感而产生的由里及表的现象。

症状表现

小儿湿疹多在出生后1个月左右出现，早的生后1~2周即出现皮疹，主要发生在两个颊部、额部和下颌部，严重时可累及胸部和上臂。开始时皮肤发红，上面有针头大小的红色丘疹，可出现水疱、脓疱、小糜烂面、潮湿、渗液，并可形成痂皮，痂脱落后下面是糜烂面，愈合后成红斑。约数周至数月后水肿性红斑开始消退，糜烂面消失，皮肤干燥，呈现少许薄痂或鳞屑。

治疗护理

第一步：切断致敏原

容易致敏的食物：牛奶、鸡蛋、花生、蘑菇、海鲜、豆制品、花生、瓜子、牛奶、动物的肝脏、辛辣的食物。敏感的食物母乳妈妈不要吃，宝宝如已加辅食，原则同母亲的饮食结构。如果是人工喂养的宝宝建议换成水解蛋白奶粉。如果已经把任何易敏食物都切断了，还是经常有湿疹反复的现象，就要考虑宝宝对粉尘和螨虫过敏。

第二步：适宜的温湿度

婴儿适宜的温度是18℃~22℃，夏天最高不要超过25℃。婴儿比我们成人更容易热，热会诱发湿疹。同时，经常室内外通风更利于宝宝的呼吸及代谢。婴儿适宜的相对湿度是40%~60%。湿度低于宝宝适应范围可以用加湿器来调整。太潮、太干或太热都要及时调整，防止湿疹反复。

第三步：使用的药物

湿疹严重时应在医生的指导下使用激素类药膏。

宝宝智力加油站

新生儿阿普加评分

新生儿在出生后需要接受人生中第一次测试评分，这被称为阿普加评分，是医生经过对新生儿总体情况的测定后打出的分数。

这次测试包括对新生儿的肤色、心率、反射应激性、肌肉张力及呼吸力、对刺激的反应等项进行测试，以此来判断新生儿是否适应了生活环境从子宫到外部世界的转变。

这种评分是对新生儿从母体内到外部环境中生活的适应程度进行判断，也为宝宝今后神经系统的发育提供了一定的预测性。但家长不用过分地关注这个分数，尤其是分数在8分以上的新生儿，不是只有满分的新生儿才是健康的。

项目	评分标准	
	2分	1分
皮肤的颜色	全身皮肤粉红	躯干粉红，四肢青紫
心 率	心跳频率大于每分钟100次	小于每分钟100次
对刺激的反应	用手弹新生儿足底或插鼻管后，新生儿出现啼哭、打喷嚏或咳嗽	只有皱眉等轻微反应
四肢肌肉张力	四肢动作活跃	四肢略屈曲
呼 吸	呼吸均匀、哭声响亮	呼吸缓慢且不规则，或者哭声微弱

新生儿生理发育特点

呼吸特点

新生儿以腹式呼吸为主，每分钟40～45次。新生儿的呼吸不规律，这是正常的，不用担心。

睡眠特点

在新生儿期，除哺乳时间外，新生儿几乎全处于睡眠状态，每天需睡眠20小时以上。睡眠的时间和质量在某种程度上决定这一时期他的发育状况。因此，做好新生儿睡眠护理工作也很重要。

整个新生儿期睡眠时间不一样。早期新生儿睡眠时间相对要长一些，每天可以达到20小时以上；随着日龄增加，睡眠时间会逐渐减少。

后期新生儿睡眠时间有所减少，每天在16～18小时。

刚出生的新生儿自己无能力控制和调整睡眠的姿势，他们的睡眠姿势是由别人来决定的。新生儿出生的时候仍然保持着宫内的姿势，四肢仍屈曲，为使在产道咽进的羊水和黏液流出，出生后24小时内，可采取右侧卧位，在颈下垫块小手巾，并定时改换另一侧卧位，否则由于新生儿的头颅骨骨缝没有完全闭合，长期睡向一边，头颅可能变形。如果新生儿吮吸乳汁后经常吐奶，哺乳后要取右侧卧位，以减少溢奶。

刚出生不久的新生儿颈部肌肉长得不结实，自己还不能抬头，所以此期最好不采用俯卧的睡姿，以免床铺捂堵或溢奶而导致新生儿窒息。

排便与泌尿特点

新生儿一般在出生后 12 小时开始排胎便，胎便呈深绿色、黑绿色或黑色黏稠糊状，这是胎儿在母体子宫内吞入羊水中胎毛、胎脂、肠道分泌物而形成的胎便。3 ~ 4 天胎便可排尽，哺乳之后，排便逐渐呈黄色。吃配方奶的宝宝每天排便 1 ~ 2 次，母乳喂养的宝宝排便次数稍多些，每天 4 ~ 5 次。

新生儿第一天的尿量为 10 ~ 30 毫升。在出生后 36 小时之内排尿都属正常。随着哺乳摄入水分，新生儿的尿量逐渐增加，每天可达 10 次以上，日总量为 100 ~ 300 毫升，满月前后为 250 ~ 450 毫升。

体温特点

新生儿不能很好地调节体温，因为他们的体温中枢尚未成熟，皮下脂肪薄，体表面积相对较大而易于散热，体温会很容易随外界环境温度的变化而变化，所以针对新生儿，一定要定期测体温。每隔 2 ~ 6 小时测一次，做好记录（每日正常体温应波动在 36 ~ 37℃），出生后常有过渡性体温下降，经 8 ~ 12 小时渐趋正常。

新生儿一出生便要立即采取保暖措施，可防止体温下降，尤以冬寒时更为重要。室内温度应保持在 24 ~ 26℃。

新生儿主要指标测量方法

体重测量法

待宝宝排完大小便后给宝宝脱去外衣、鞋、袜、帽子及尿布。冬季测量体重时需注意室内温度。

身长测量法

测量新生儿的身长，需要由两个人进行。让宝宝平卧在稍硬一点的床上，将头扶正，一人用手固定好宝宝的膝关节、髋关节和头部，另一人用皮尺测量，从宝宝头顶部的最高点，至足跟部的最高点。测量出的数值，即为宝宝身长。

头围测量法

让宝宝平卧，用左手拇指将软尺零点固定于宝宝头部右侧眉弓上缘处，经枕骨粗隆及左侧眉弓上缘回至零点，使软尺紧贴头皮，周长数值即为宝宝头围。

前囟测量法

新生儿前囟呈菱形，测量时，要分别测出菱形两对边中点连线的长度。比如一边连线长为 2.0 厘米，另一边连线长为 1.5 厘米，那么宝宝的前囟数值就是 2.0 厘米 ×1.5 厘米。

抬头训练

抬头运动是新生儿动作训练中首要的一课。及早对宝宝进行抬头训练，可以锻炼颈部、背部肌肉，有利于宝宝尽早将头抬起来，也可扩大宝宝的视野。

俯卧抬头

一般在宝宝出生10天左右就可以进行训练，时间最好选在两次喂奶之间。每天让宝宝俯卧一会儿，并用玩具逗引他抬头。注意床面要尽量硬一些，时间不要太长，以免宝宝太累。

竖抱抬头

在喂奶后，可竖抱宝宝，使他的头部靠在你的肩上，并轻轻地拍几下背部，促使宝宝打嗝，以防止宝宝因刚吃饱而溢乳。不要扶住头部，让宝宝的头部自然立直片刻，每天4～5次，可以促进宝宝颈部肌力的发育，使头能早日抬起。

全身训练

面　部

取适量婴儿油或婴儿润肤乳液，从前额中心处用双手拇指往外推压，划出一个微笑状。眉头、眼窝、人中、下巴，同样用双手拇指往外推压，划出一个微笑状。

胸　部

双手放在两侧肋缘，右手向上滑向婴儿左肩，复原，左手以同样方法进行。

腹　部

按顺时针方向按摩腹部，但是在脐带残端未脱落前不要按摩该区域。

背　部

双手平放婴儿背部，从颈部向下按摩，再用指尖轻轻按摩脊柱两边的肌肉，然后再次从颈部向脊柱下端迂回运动。

手　部

将婴儿双手下垂，用一只手捏住其胳膊，从上臂到手腕轻轻挤捏，然后用手指按摩手腕。用同样的方法按摩另一只手。双手夹住小手臂，上下搓滚，并轻拈婴儿的手腕和小手。在确保手部不受伤的前提下，用拇指从手掌心按摩至手指。

腿　部

按摩婴儿的大腿、膝部、小腿，从大腿至踝部轻轻挤捏，然后按摩脚踝及足部。接下来双手夹住婴儿的小腿，上下搓滚，并轻拈婴儿的脚踝和脚掌。在确保脚踝不受伤害的前提下，用拇指从脚后跟按摩至脚趾。

1～2个月的宝宝

☆☆☆
体格发育监测标准

类别	男宝宝	女宝宝
身高	48.7～61.2 厘米，平均为 55 厘米	47.9～59.9 厘米，平均为 53.9 厘米
体重	3.94～7.97 千克，平均为 5.955 千克	3.72～7.46 千克，平均为 5.59 千克
头围	37.0～42.2 厘米，平均为 39.6 厘米	36.2～41.0 厘米，平均为 38.6 厘米
胸围	36.2～43.4 厘米，平均为 39.8 厘米	35.1～42.3 厘米，平均为 38.7 厘米

•爱的寄语•

•成长记事本•

•宝宝趣事•

宝宝智能发育记录

☆ ☆ ☆

大动作发育	1. 宝宝 2 个月时，俯卧位下巴离开床的角度可达 45°，但不能持久 2. 俯卧时，能交替踢脚，为以后的匍匐前进做准备
精细动作发育	1. 成人将手指或拨浪鼓柄塞入宝宝手中，宝宝能握住 2 ~ 3 秒钟 2. 把环状的玩具放在宝宝手中，宝宝的小手能短暂离开床面，举起环状玩具
视觉发育	1. 宝宝的视焦距调节能力相比上个月有所提高，最佳距离是 19 厘米 2. 目光可以追随着近处慢慢移动的物体左右移动
听觉发育	1. 宝宝现在的听觉很灵敏，能够准确定位声源，并把头转向声源所在的方向 2. 不论是对高声，还是低微的声音都有明显的反应
语言能力发育	1. 此阶段为反射性发音，会发出"a、o、e"3 种或 3 种以上声音 2. 在有人逗宝宝时，宝宝会发出声音。如发起脾气来，哭声也会比平常大得多 3. 当听到有人与宝宝讲话或有声响时，他会认真地听，并能发出咕咕的应和声，会用眼睛追随走来走去的人
作息时间安排	1. 这个月的宝宝会慢慢熟悉生活的节奏，活动的时间开始增多 2. 在上午 11 点左右，用一条温湿毛巾给宝宝擦脸，让他醒来。吃过奶，就抱他到外面去玩，然后带他回家，和他做运动。到下午 3 点他就会累了，比较容易入睡，也会提早 1 个小时醒来，晚上就可以提早 1 个小时入睡
大小便训练	2 个月的宝宝排尿的频率比新生儿期减少了，但是排尿量增加了
睡眠原则	2 个月的宝宝每天需睡眠 18 个小时左右。夜间喂奶间隔时间可由 2 ~ 3 个小时逐渐延长至 4 ~ 5 个小时，尽量使宝宝晚上多睡白天少睡，尽快和父母生活节律同步

注：以上属于该月龄宝宝的普遍发育水平，所以若在该月龄范围内未达标，建议加强锻炼。

建议喂养方案

☆ ☆ ☆

1～2个月宝宝营养需求

1～2个月的宝宝生长发育迅速，大脑进入了第二个发育的高峰期。在这个阶段，仍要以母乳喂养为主，并且要开始补充维生素D。维生素D可以促进钙质的吸收。

如何喂养本月宝宝

在母乳充足的情况下，1～2个月的宝宝仍然应该坚持母乳喂养，妈妈也要注意饮食，保证母乳的质量。这个阶段的宝宝体重平均每天增加30克左右，身高每月增加2.5～3.0厘米。这个月的宝宝进食量开始增大，而且进食的时间也日趋固定。每天要吃奶6～7次，每次间隔3～4小时，夜里则间隔5～6小时。

❋ 小贴士

夜间哺乳当心宝宝出现意外

晚上哺乳不要让宝宝含着乳头睡觉，以免造成乳房压住宝宝鼻孔使其窒息。另外，产后母乳妈妈自己身体会极度疲劳，加上晚上要不时醒来照顾宝宝而导致睡眠严重不足，很容易在迷迷糊糊中哺乳宝宝时出现意外，所以要格外小心。

夜间喂奶应注意喂养姿势

夜间哺乳姿势一般是侧身对着稍侧身的宝宝，妈妈的手臂可以搂着宝宝，但这样做会较累，手臂易酸麻，所以也可只是侧身，手臂不搂宝宝进行哺乳；可以在宝宝身体下面垫个大枕头，让宝宝的身体抬高，一扭头就能吃到母乳。或者让宝宝仰卧，妈妈用一侧手臂支撑自己俯在宝宝上部哺乳，但这样的姿势同样较累，而且如果妈妈不是很清醒时千万不要进行哺乳，以免在似睡非睡间压伤宝宝，甚至导致宝宝窒息。

妈妈奶水不够怎么办

如果妈妈的奶水不够宝宝吃，可以采取以下办法增加奶水。

保持良好的情绪

分娩后的妈妈，在生理因素及环境因素的作用下，情绪波动较大，常常会出现情绪低迷的状态，这会制约母乳分泌。医学实验表明，妈妈在情绪低落的情况下，乳汁分泌会急剧减少。

补充营养

应选择营养价值高的食物，如牛奶、鸡蛋、蔬菜、水果等。同时，多喝一点儿汤水对乳汁的分泌能起催化作用。

由于乳汁的80%都是水，所以妈妈一定要注意补充足够的水分。喝汤也不一定总是肉汤、鱼汤，否则会觉得太腻而影响胃口，适当喝一些清淡的蔬菜汤或米汤也很有利于下奶。

多吃催乳食物

在采取上述措施的基础上，再结合催乳食物，效果会更明显。如猪蹄、花生等食物，对乳汁的分泌有良好的促进作用。均衡饮食是哺乳妈妈的重要饮食法则。

加强宝宝的吮吸

实验证明，宝宝吃奶后，妈妈血液中的催乳素会成倍增长。这是因为宝宝吮吸乳头，可促进妈妈脑垂体分泌催乳激素，从而增加乳汁的分泌，所以让宝宝多吸吮乳头可以刺激妈妈泌乳。

❈ **小贴士**

让宝宝轮流吃两侧乳房

部分宝宝第一个月只吃空妈妈的一侧奶就够了，第二个月每顿要吃空两边的奶才满足。所以喂宝宝吃奶时，最好让宝宝轮流吃两侧乳房。

日常护理指南

要注意观察宝宝的排便需求

多数宝宝在大便时会出现腹部鼓劲、脸发红、发愣等现象。这个月龄的宝宝应密切观察其大小便情况，以摸清宝宝大小便的规律，并通过大小便的性状来分析宝宝的健康状况。

正常的大便

纯母乳喂养的宝宝大便为金黄色、稀糊状的软便；配方奶喂养的宝宝大便呈浅黄色。有时宝宝放屁带出点儿大便污染了肛门周围，偶尔也有大便中夹杂少量奶瓣，颜色发绿，这些都是偶然现象，只要宝宝精神佳，吃奶香，密切观察即可。

不正常的大便

如水样便、蛋花样便、脓血便、白色便、柏油便等，则表示宝宝生病了，应及时找医生诊治。

不正常的小便

小便色黄、色浊，小便带血等，当发现宝宝的小便出现异常时，请及时求助于医生，分析原因后合理护理。

睡眠护理

1～2个月的宝宝，生活主要内容还是吃了睡、睡了吃，每天平均要吃6～8次，每次间隔时间在2.5～3.5小时；相对来说，睡眠时间较多，一般每天要睡18～20个小时。

家庭医生

需要接种疫苗

宝宝出生后1个月注射乙肝疫苗第二针；在出生后2个月口服宝宝麻痹糖丸疫苗，又叫脊髓灰质混合疫苗，该疫苗为糖丸，2个月的宝宝首次口服，每月1次，连续服3个月。

宝宝鼻子不通气怎么办

由于新生儿鼻腔短小，鼻道窄，血管丰富，与成年人相比更容易发生炎症，导致宝宝呼吸费力、不好好吃奶、情绪烦躁、哭闹。所以保持宝宝呼吸道通畅，就显得更为重要。

宝宝夜啼是怎么回事

宝宝夜啼的原因很多，除了没有吃饱外，在生活上护理不妥也可导致宝宝夜啼。例如，尿布湿了；室内空气太闷，衣服穿得过多，热后出汗，湿衣服裹得太紧；被子盖得太少使宝宝感到太凉；有时宝宝口喝了也会哭；有时白天睡得太多，晚上不肯睡觉便要吵闹。当然，宝宝生病或因未及时换尿布造成臀部发炎，宝宝疼痛，更会哭闹得厉害。切勿将宝宝每次啼哭都当作肚子饿了，用吃奶的办法来解决，这样极易造成消化不良。

防止宝宝夜啼，临睡前要将室温调节适当，最好在宝宝2个月以后逐渐养成夜里不含乳头睡觉的好习惯，这是解决夜啼的好办法。

宝宝鼻子不通气的处理方法	
1	将专业婴儿滴鼻剂滴在宝宝鼻腔中，使鼻垢软化后用棉丝等刺激鼻腔使宝宝打喷嚏，利于分泌物排出
2	对没有分泌物的鼻堵塞，可以采用温毛巾敷于鼻孔外部几秒的办法，也能起到一定的通气作用

☆ ☆ ☆

宝宝智力加油站

发音训练

　　部分宝宝在 2 个月左右时就有发音能力了。为了训练宝宝的语言能力，要多让宝宝发音、出声，爸爸妈妈可用亲切、温柔的语音来对宝宝说话，并要正面对着宝宝，让他看清大人的口型，一个音一个音地发出"a、o、e"等母音。这样练习一会儿，停下来歇一会儿，然后从头再练，一天反复几次即可。

玩一玩：图案真好看

目　　的　　宝宝对亮度高、黑白对比强烈的图案或物品会出现明显反应

适合年龄　　2 个月

练习次数　　1 天 2 次，每次 1 ～ 3 分钟

　　1. 在宝宝仰卧上方 20 厘米处悬挂一个红色玩具，引起宝宝的注意。然后将玩具上、下、左、右移动，宝宝这时会慢慢移动头和眼睛追着玩具看。这个玩具体积不可以太大。

　　2. 当宝宝注意力不在这里时，妈妈可以和宝宝说"看这里"，并配合着动作提醒宝宝去看这些东西。

　　3. 在做游戏时，妈妈也可以在旁边给宝宝看各种图案，宝宝就会慢慢有意识地去看这些图案。

2 ～ 3 个月的宝宝

☆ ☆ ☆
体格发育监测标准

类别	男宝宝	女宝宝
身 高	52.2 ~ 65.7 厘米，平均为 59 厘米	51.1 ~ 64.1 厘米，平均为 59.6 厘米
体 重	4.69 ~ 9.37 千克，平均为 7.03 千克	4.4 ~ 8.71 千克，平均为 6.555 千克
头 围	38.4 ~ 43.6 厘米，平均为 41.0 厘米	37.7 ~ 42.5 厘米，平均为 40.1 厘米
胸 围	37.4 ~ 45.3 厘米，平均为 41.4 厘米	36.5 ~ 42.7 厘米，平均为 39.6 厘米

· 爱的寄语 ·

· 成长记事本 ·

· 宝宝趣事 ·

☆ ☆ ☆

宝宝智能发育记录

大动作发育	1. 头能随着自己的意愿转来转去，眼睛随着头的转动而转动。两腿有时弯曲，有时会伸直 2. 成人扶着宝宝的腋下和髋部时，宝宝能坐起，他的头能经常竖起，微微有些摇动，并向前倾 3. 俯卧时，能将大腿伸直，虽然双膝可能会弯曲，但髋部不外展
精细动作发育	1. 仰卧时，手臂能左右活动，双手会在胸前接触 2. 将手指或能发出声响的、带柄的物体放入宝宝手中，宝宝能握住并举起 3. 平躺时，能用手指抓自己的头发和衣服 4. 喜欢将手里的东西放进口中 5. 双手张开，不再握拳
视觉发育	宝宝的颜色视觉有了很大的发展，能够对某些不同的颜色做出区分。父母要利用不同的颜色锻炼宝宝的视觉能力
听觉发育	1. 这个月龄的宝宝对声音开始产生兴趣，会拿东西敲打出声响 2. 如果听到陌生的声音他会害怕，如果声音很大他会哭起来
语言能力发育	1. 除元音和哭声外，能大声地发出类似元音字母的声音"ou""h""k""ai"，有时还会长声尖叫 2. 逗宝宝时，他会非常高兴地发出欢快的笑声 3. 当看到喜欢的物体时，嘴里还会不断地发出"咿呀"的学语声，会出现呼吸加深、全身用劲等兴奋的表情
大小便训练	1. 这个月龄的宝宝对于大小便训练还没有概念，如果家人强行训练，他会闹情绪 2. 这个月龄的宝宝小便次数比较多，宝宝排便的次数与进食多少、进水多少都有关系
睡眠原则	1. 本月宝宝睡眠时间明显减少，睡醒了玩一会儿，上午可以连续醒 1～2 个小时，明显有规律了 2. 每天需睡 16 个小时左右，其中约有 3 个小时睡得很香甜，处于深睡状态

注：以上属于该月龄宝宝的普遍发育水平，所以若在该月龄范围内未达标，建议加强锻炼。

小测试

宝宝全脑智能开发效果测试

序号	测试题	选项	得分
1	追视滚球	A. 从桌子一头看到桌子另一头（10分） B. 追视到桌子中央（5分） C. 不会追着看（0分）	10分为合格
2	在白纸上放1粒红色小丸	A. 马上发现（10分） B. 成人用手指着才能看到（8分） C. 未看到（3分）	10分为合格
3	听胎教音乐	A. 微笑并入睡（10分） B. 微笑（8分） C. 听到胎教时呼唤过的名字转头观看（5分） D. 无表情（2分）	10分为合格
4	认人	A. 对爸爸、照料人均投怀（12分） B. 对父母均投怀（10分） C. 对生人注视，但无亲热表情（5分）	10分为合格
5	吊球	A. 会用手拍击横吊在胸前的小球（12分） B. 试击不中（10分） C. 只看不动手（4分）	10分为合格

序号	测试题	选项	得分
6	模仿成人唇形发出辅音（如 "m" "b" 等）	A. 3 个（15 分） B. 1 个（10 分） C. 0 个（5 分）	10 分为合格
7	成人蒙脸玩藏猫猫时	A. 笑且动手拉布（12 分） B. 笑不动手（10 分） C. 毫无表情（5 分）	10 分为合格
8	晚上睡眠延长	A. 晚上能睡 5 ~ 6 个小时，白天觉醒时间增加（12 分） B. 晚上能睡 4 小时（10 分） C. 晚上能睡 3 小时（8 分）	10 分为合格
9	用小匙喂	A. 张口舔食（10 分） B. 噘嘴吮吸（0 分）	10 分为合格
10	俯卧时	A. 用手撑胸（12 分） B. 用肘撑胸（10 分） C. 只能抬头（6 分）	10 分为合格
11	仰卧抬腿	A. 踢打吊球（12 分） B. 会踢但不中（10 分） C. 不能活动（0 分）	10 分为合格

测试分析

　　总分在100分以上为优秀，90 ~ 100分为正常，70分以下为暂时落后。哪一道题在合格以下，可先复习上一阶段相应的试题及复习该能力组全部试题，再学习本月龄组在合格以下的试题。哪一道题在合格以上，可跨过本阶段的试题，向下个阶段该能力组的试题进一步练习。

建议喂养方案

这个时期宝宝主要需要的营养

3个月的宝宝由于生长迅速，活动量增加，消耗热量增多，需要的营养物质也开始增多。

在这个月要注意补充宝宝体内所需的维生素和无机盐。

乳腺堵塞如何哺乳

引起乳腺堵塞最常见的原因是太多的乳汁存留在乳腺中，导致乳房发胀、发硬。这个时候妈妈要检查一下哺乳的姿势，看宝宝有没有正确地含住乳头。

妈妈在哺乳前用湿热毛巾热敷乳房3～5分钟，哺乳后再用湿冷的毛巾冷敷乳房20分钟，这样可以促进乳汁的分泌。

如何喂养本月宝宝

本月的宝宝仍主张以母乳喂养。宝宝的体重如果每周增加150克以上，说明母乳喂养可以继续，不需添加任何代乳品。若母乳量不足需要补充配方奶，否则宝宝会因吃不饱而哭闹，影响生长发育。

这个阶段宝宝吃奶的次数是规律的，有的宝宝夜里不吃奶，1天喂5次；有的宝宝每隔4小时喂1次，夜里还要再吃1次。

混合喂养的宝宝仍主张每次先喂母乳，不够的部分用配方奶补足，每次喝奶量为120～150毫升，一天喂5～6次。每次的量不得超过150毫升，每天的总奶量应保持在900毫升以内，不要超过这个量。虽然表面上宝宝不会有异常情况发生，但是如果超过900毫升，容易使宝宝发生肥胖，甚至还会导致厌食奶粉。

❀小贴士

过敏体质宝宝喝什么奶粉

特别敏感的宝宝可以选择低敏奶粉，一般情况下父母可以给宝宝先尝试少量的普通奶粉以观察宝宝食用后的效果，如果宝宝对普通的奶粉不产生过敏现象，可以直接给宝宝喝普通的奶粉，既经济又营养全面。因为奶粉款式多，品牌也多，不是每个大众品牌都适合宝宝，如果多款试下来都不好，就可以尝试低敏奶粉。

妈妈催乳食谱

★ 木瓜花生排骨汤 ★

材料

排骨 180 克，花生 120 克，木瓜 1 个。

做法

1.将木瓜去皮、核，切块；排骨洗净，切块；花生用热水浸泡，洗净去皮。

2.烧热油锅，下入排骨爆香盛出。

3.在锅内加适量清水烧开，把全部用料放入锅内，煲至各种材料烂熟，调味即可。

★ 小豆鲤鱼汤 ★

材料

鲤鱼 300 克，赤小豆 120 克，盐适量。

做法

1.将鲤鱼去肠杂及鳞洗净，赤小豆洗净。

2.在锅内下油烧热，放入鲤鱼煎至两面微黄，盛出。

3.在锅内加入适量水，下鲤鱼和赤小豆一起煮熟，然后加盐调味即可。

★ 鲜奶炖蛋 ★

材料

鲜奶1杯，鸡蛋2个，姜汁、白糖各1匙。

做法

1. 将蛋打散后，加入白糖打匀，冲入鲜奶拌匀，备用。

2. 将上述材料滤去泡沫及杂质，加入姜汁拌匀。

3. 将处理好的蛋液倒入一深碗中，上锅，隔水炖至凝固即可。

★ 口蘑时蔬汤 ★

材料

口蘑200克，胡萝卜、土豆各50克，西蓝花2朵，葱花适量，盐少量，高汤2杯，植物油1大匙。

做法

1. 将口蘑、土豆、胡萝卜去皮洗净，切片。西蓝花用淡盐水浸泡15分钟，用清水冲净，掰小朵。

2. 将炒锅烧热，加植物油，六成热时下入葱花爆香，再加入高汤、胡萝卜片、土豆片、口蘑片、西蓝花，用小火炖至熟烂，加入盐，煮至入味即可。

☆ ☆ ☆

日常护理指南

宝宝流口水的处理

多数本月龄的宝宝都会流口水，这是由于唾液腺的发育和功能逐步完善，口水的分泌量逐渐增多，然而此时宝宝还不会将唾液咽到肚子里去，也不会像大人一样，必要时将口水吐掉。所以，从 3 ~ 4 个月开始，部分宝宝就会出现流口水的现象。

由于宝宝的皮肤含水分比较多，比较容易受外界影响，如果一直有口水粘在下巴、脸部，又没有擦干，容易出湿疹，所以，建议家长尽量看到宝宝流口水就擦掉，但是不要用卫生纸一直擦，只需要轻轻按干就可以，以免擦破皮肤。

脚的保暖很重要

除了宝宝穿衣要合适外，宝宝的脚也要注意保暖，要保持宝宝袜子干爽，冬天应选用纯羊毛或纯棉质的袜子。

鞋子大小要合适，鞋子要稍稍宽松一些，质地为全棉，穿起来很柔软，这样鞋子里就会储留较多的静止空气而具有良好的保暖性。

鞋子过大或过小都不能让宝宝的脚舒适、暖和。可以经常摸摸宝宝的小脚，如果冰凉，还可以帮宝宝按摩脚底和脚趾，促进脚部血液循环。

家庭医生

宝宝脐疝的
治疗与护理

宝宝的病症表现

    如果宝宝在哭闹时，脐部有明显突出，这是由于宝宝的腹壁肌肉还没有发育好，脐环没有完全闭锁，如腹压增加，肠管就会从脐环突出，从而形成脐疝。

处理方法

    如果宝宝患有脐疝，应注意尽量减少宝宝腹压增加的机会，如不要让宝宝无休止地大哭大闹；有慢性咳嗽的宝宝要及时治疗；调整好宝宝的饮食，不要发生腹胀或便秘。

    随着宝宝的长大，腹壁肌肉逐渐发育，脐环闭锁，直径小于 1.5 厘米的脐疝一般 1 岁以内便完全自愈，无须手术治疗。如果脐疝较大，应咨询医生后酌情处理。

宝宝脸色差
怎么办

宝宝脸色苍白没有精神可以检查一下眼睑内侧和嘴唇颜色，如果偏白则很可能是贫血。脸色通红可能是发热或者穿着过多。另外，如果宝宝出生 1 个月以后脸色还呈黄色并且有嘴唇发绀、呕吐、发热、便血等现象，必须立即送往医院救治。

重视宝宝的脸色变化

宝宝的脸色如果比平时红，很可能是发热，可以先测一下体温，如果是因为剧烈哭泣而引起的脸红，只要等宝宝安静下来，面部红色会逐渐退去。

宝宝剧烈哭泣后脸色呈红色是正常的，但是如果脸色苍白则要引起注意。如果发现宝宝在哭泣时脸色苍白，全身有痉挛现象、嘴唇呈紫色发绀时则需要立即送往医院。

脸色异常时可能患的疾病

异常脸色	可能患的疾病	表现症状
突然变青、变白	肺炎	呼吸急促，精神萎靡，咳嗽、咳痰
	肠套叠	剧烈哭闹，断续剧烈地恶心、呕吐并有血便出现
	颅内出血	头部受到打击后，意识丧失，呕吐
脸色呈青色、白色	疱疹性口腔炎	发热，口腔内有小疱疹，宝宝拒乳、烦躁、流涎
	室间隔缺损	母乳、牛奶饮食量下降，体重降低，口唇、鼻周部皮肤发青
	感冒	发热、咳嗽，伴有流鼻涕
脸色发红	麻疹	高热，全身有发疹现象
	风疹	发热，全身有发疹现象
	川崎病	高热，全身发疹，手足红肿，舌头有红色粒状物
皮肤金黄色	新生儿黄疸	眼白呈黄色，没有精神，粪便色黄
	胆道闭锁症	粪便呈陶土样，肝大

宝宝智力加油站

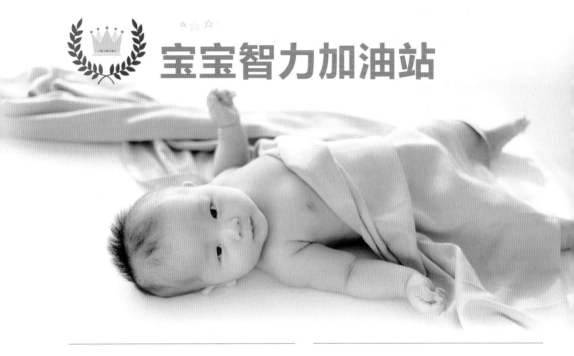

宝宝翻身大训练

3个月的小宝宝主要是仰卧，但在体格发育上已有了一些全身的肌肉运动，因此，要在适当保暖的情况下使宝宝能够自由地活动，特别是翻身训练。

如果宝宝没有侧睡的习惯，那么妈妈可让宝宝仰卧在床上，自己拿着宝宝感兴趣并能发出响声的玩具分别在左右两侧逗引，并亲切地对宝宝说："宝宝，看多好玩的玩具啊！"宝宝就会自动将身体翻过来。

训练宝宝的翻身动作，要先从仰卧位翻到侧卧位，然后再从侧卧位翻到俯卧位，一般每天训练2~3次，每次训练2~3分钟。

引导宝宝做抬头训练

俯卧抬头

让宝宝俯卧在床上，妈妈拿色彩鲜艳、有响声的玩具在前面逗引，说："宝宝，漂亮的玩具在这里。"促使宝宝努力抬头。抬头的动作从抬起头与床面成45°，到3个月时能稳定地抬起90°。

宝宝的抬头训练时间可从30秒开始，然后逐渐延长，每天练习3~4次，每次俯卧时间不宜超过2分钟。

直立抬头

妈妈一手抱宝宝，一手撑住他的后背及颈部，使头部处于直立状态，边走边变换方向，让宝宝观察四周，在妈妈辅助下将头竖直。

宝宝认知能力训练

宝宝在 3 个月时，能区分不同水平方向发出的声音，并寻找声源，能把声音与嘴的动作联系起来。这说明了宝宝感觉与认知的成长发育是很明显的。

3 个月宝宝的认知能力标准	
注视手中的玩具	仰卧时，将玩具放在手中，经密切观察，宝宝确实能注视手中的玩具，而不是看附近的东西。但他还不能举起玩具来看
持久的注意	把较大的物体放在宝宝视线内，宝宝能够持续地注视
看见物品能双臂活动	让宝宝坐在桌前，若将方木堆和杯子分别放在桌面上，宝宝见到物品后会自动挥动双臂，但还不会抓取物体

宝宝感官能力训练

爸爸妈妈应尽量多地给予宝宝感官训练。在宝宝睡醒时，要用手经常轻轻触摸他的脸、双手及全身皮肤。在哺乳时，可让宝宝触摸妈妈的脸、鼻子、耳朵及乳房等，以促进宝宝的早期认知活动。

第二章

3～6个月
终于可以看清妈妈的脸了！

3～6个月是宝宝从视觉、听觉、触觉、味觉、嗅觉五个维度全面发育的时期，宝宝会非常开心，因为终于可以看清妈妈的脸了，从此，也建立了对于妈妈和照料者的依赖及对陌生人的认生反应。

3 ～ 4 个月的宝宝

 ☆☆☆
体格发育监测标准

类别	男宝宝	女宝宝
身　高	55.3 ～ 69 厘米，平均为 62.2 厘米	54.2 ～ 67.5 厘米，平均为 60.9 厘米
体　重	5.25 ～ 10.29 千克，平均为 7.77 千克	4.39 ～ 9.66 千克，平均为 7.025 千克
头　围	39.7 ～ 44.5 厘米，平均为 42.1 厘米	38.8 ～ 43.6 厘米，平均为 41.2 厘米
胸　围	38.3 ～ 46.3 厘米，平均为 42.3 厘米	37.3 ～ 44.9 厘米，平均为 41.1 厘米

· 爱的寄语 ·

· 成长记事本 ·

· 宝宝趣事 ·

宝宝智能发育记录

大动作发育	1. 头能够随自己的意愿转来转去，眼睛随着头的转动而左顾右盼 2. 扶着宝宝的腋下和髋部时，宝宝能够坐着。让宝宝趴在床上时，他的头已经可以稳稳当当地抬起，前半身可以由两臂支撑起
精细动作发育	1. 宝宝的两只手能在胸前握在一起，经常把手放在眼前，两只手相互抓或很有兴趣地看自己的手 2. 这个月龄的宝宝会专注地把玩自己感兴趣的玩具，从多方面去观察。玩具摇晃后若能发出声音会令他更加高兴
视觉发育	开始对颜色产生了分辨能力，对黄色、红色较为敏感，见到这两种颜色的玩具很快能产生反应，对其他颜色的反应要慢一些
听觉发育	发展较快，已具有一定的辨别方向的能力，听到声音后，头能顺着响声转动180°
语言能力发育	逗他时会非常高兴，并露出欢快的笑脸，甜蜜的微笑，嘴里还会不断地发出"咿呀"的学语声，好像在和妈妈谈心
作息时间安排	4个月起，宝宝的作息时间趋于稳定，妈妈应在白天尽量与宝宝玩耍，让房间保持充足的光线，帮宝宝分清白天和黑夜
大小便训练	1. 大小便已很有规律，特别是每次大便时会明确地表示 2. 生理性腹泻要注意与肠炎区别，不要自行使用非处方药，以免破坏肠道内环境
睡眠原则	每天需睡14～16个小时，一般是上午睡1～2个小时，下午睡2～3个小时，晚上睡11个小时

注：以上属于该月龄宝宝的普遍发育水平，所以若在该月龄范围内未达标，建议加强锻炼。

建议喂养方案

这个时期宝宝主要需要的营养

4个月的宝宝体内的铁储备已消耗完，而母乳或配方奶中的铁又不能满足宝宝的营养需求，此时如果不添加含铁的食物，宝宝就容易患缺铁性贫血。

宝宝刚开始补铁可摄入富含铁的营养米粉及蛋黄，此外，在给宝宝补铁的同时，可适当给予富含维生素 C 的水果和蔬菜泥，维生素 C 能与铁结合为小分子可溶性单体，有利于肠黏膜上皮对铁的吸收。

如果是纯母乳喂养建议6个月左右添加。

如何喂养本月宝宝

4个月的宝宝仍主张用母乳喂养，6个月以内的宝宝，主要食物都应该以母乳或配方奶粉为主，其他食物只能作为一种补充。喂养宝宝要有耐心，不要喂得太急、太快，不同的宝宝食量有所不同，食量小的宝宝一天仅能吃500～600毫升配方奶，食量大的宝宝一天可以吃1000多毫升配方奶。

不要强迫宝宝吃他不喜欢的辅食，以免给日后添加辅食增加难度。

如何给宝宝喝水

什么时候要给宝宝喂水

若是宝宝不断用舌头舔嘴唇，或看到宝宝口唇发干时，或应换尿布时没有尿等，都提示宝宝需要喝水了。

3 个月内的宝宝每次饮水不应超过100毫升，3 个月以上可增至150毫升。只要小便正常，根据实际情况让宝宝少量多次饮水。出汗时应增加饮水次数，而不是增加每次饮水量。

宝宝喝水不要放糖

不要以自己的感觉给宝宝冲糖水，平时也不要喂宝宝过甜的水。因为宝宝的味觉要比大人灵敏，当大人觉得甜时，宝宝就会觉得甜得过度了。

用高浓度的糖水喂宝宝，最初可加快肠蠕动的速度，但不久就转为抑制作用，使宝宝腹部胀满。

☆ ☆ ☆
日常护理指南

给宝宝拍照时 不要用闪光灯

宝宝全身的器官、组织发育不完全，处于不稳定状态，眼睛视网膜上的视觉细胞功能也处于不稳定状态，强烈的电子闪光灯会对视觉细胞产生冲击或损伤，影响宝宝的视觉能力。

为了防止照相机的闪光灯对宝宝造成伤害，对6个月内的宝宝要避免用闪光灯拍照，可改用自然光来拍照。

如何抱这个 阶段的宝宝

在这个阶段，抱宝宝最重要的一点是防止宝宝背部扭伤，应该学会保护宝宝后背的方法。妈妈抱起宝宝时要挺直后背，弯下双膝，让大腿撑起重力。

如果要把此阶段的宝宝放下则要注意，不用像以前那样小心，可以采用抱起的方法放下宝宝，也可以一只手撑着宝宝的上身，护着宝宝的后背和臀部，另一只手扶着臀部。当然也需要注意颈部的安全。

家庭医生

急性中耳炎

病症表现

宝宝急性中耳炎在整个婴幼儿期是常见病，因为宝宝咽鼓管本身又直又短，管径较粗，位置也较低，所以，一旦发生上呼吸道感染细菌易由咽部进入中耳腔内，造成化脓性中耳炎。也有的宝宝可能会因为分娩时的羊水、阴道分泌物、哺乳的乳汁、洗澡的脏水浸入中耳，引起炎症。

一旦发生中耳炎，宝宝会很痛苦，会出现哭闹不安、拒绝哺乳的现象，有的宝宝还会出现全身症状，如发热、呕吐、腹泻等，直到鼓膜穿孔时，脓从耳内流出来后父母才发现。

处理方法

本病主要在于预防，喂奶时不要让乳汁流入耳中。洗澡时勿将洗澡水溅入耳中。积极防治上呼吸道感染，如果宝宝鼻塞不通，应先滴药使其畅通，再哺乳。

本病的预后，即听力的恢复与该病诊治的早晚有很大关系，发现越早，治疗越早，对听力的影响也就越小，而且一次治疗要彻底，以防日后复发。

流鼻涕、鼻塞

如何能让宝宝的鼻子通畅

宝宝的鼻黏膜非常敏感，早晚的凉风、气温的变化、灰尘的刺激都可能导致宝宝流鼻涕。但都是暂时的，只要保暖措施得当，室内温度适宜就会好。如果宝宝一整天都持续流鼻涕、鼻塞，这很可能是感冒引起的。

鼻塞会对喝奶、睡眠产生影响，所以，这个时候要经常给宝宝擦鼻涕。另外，还要注意保持室内湿度，防止干燥。

护理要点

宝宝的皮肤很娇嫩，如果用干的纱布、纸巾擦鼻涕很容易把皮肤擦红。所以，要用湿润的纱布拧干后轻轻擦拭。若有凝固堵塞鼻孔的分泌物，可以将热毛巾放在鼻孔处，热气就会疏通堵塞的鼻孔。用热水浸湿毛巾或者将湿毛巾放入微波炉内加热都可以。注意温度，不要烫伤宝宝。

宝宝持续流鼻涕时，家长会经常给宝宝擦鼻子，鼻子下面就会变得很干燥，总是红红的。这时可以在鼻子周围涂一些宝宝油或者润肤霜，防止肌肤干燥。

宝宝智力加油站

锻炼宝宝手部抓握能力

4个月的宝宝，很喜欢在自己胸前摆弄和观看双手，喜欢抓东西，抓了东西喜欢放到嘴里，或者抓起来后又喜欢放下或扔掉，或者把东西抓在手里敲打。

训练抓握

爸爸可以将带响声的玩具拿到宝宝面前摇晃，引起宝宝注意，然后将玩具放在宝宝伸手可抓到的地方，激发宝宝去碰和抓。如果宝宝抓了几次，仍抓不到玩具，就将玩具直接放在他的手中，使他握住，然后再放开玩具，教他学抓。

训练抱奶瓶

妈妈在给宝宝喂奶时，会看到宝宝往往会把双手放在乳房或奶瓶上，好像扶着似的。这是宝宝接近和接触物体动作的初始发展，妈妈可以通过训练宝宝去触摸奶瓶培养这个动作。

宝宝手臂活动训练

宝宝手臂的活动能力是随着身心的发展而发展的，因此，爸爸妈妈应多让宝宝做些手臂运动。

双臂训练

妈妈将玩具拿到宝宝胸部的上方时，宝宝看到玩具后，他的双臂便活动起来，但手不一定会靠近玩具，或仅有微微地抖动；如将玩具放在桌面上，宝宝看到后，也会出现自动挥举双臂的动作，但并不要求抓到玩具。

抓住近处玩具

抱起宝宝，将玩具放在距宝宝一侧手掌约2.5厘米处的桌面上，鼓励宝宝抓取玩具，他能一手或双手抓取玩具。

训练伸手接近物体

妈妈抱着宝宝靠在桌前，爸爸在距宝宝1米远处用玩具逗引他，观察宝宝是否注意。慢慢地将玩具接近，逐渐缩短距离，最后让宝宝一伸手即可触到玩具。如果宝宝不会主动伸手接近玩具，可引导他用手去抓握、触摸和摆弄玩具。

宝宝翻身练习

这个月的宝宝,已经可以多做翻身练习了,以锻炼他的活动能力。

宝宝翻身练习

当宝宝在仰卧时,妈妈拍手或用玩具逗引使他的脸转向侧面,并用手轻轻扶背,帮助宝宝向侧面转动。当宝宝翻身向侧边时,妈妈要用语言称赞他,再从侧边帮助他转向俯卧,让他俯卧玩一会儿,然后将宝宝翻回仰卧,休息片刻再玩。

这个训练可以让宝宝全身得到运动。练习翻身时要给宝宝穿薄而柔软的衣裤,以免影响宝宝活动。

4～5个月的宝宝

☆☆☆
体格发育监测标准

类别	男宝宝	女宝宝
身　高	57.9～71.7 厘米，平均为 64.8 厘米	56.7～70 厘米，平均为 63.4 厘米
体　重	5.66～11.15 千克，平均为 8.405 千克	5.33～10.38 千克，平均为 7.855 千克
头　围	40.6～45.4 厘米，平均为 43.0 厘米	39.7～44.5 厘米，平均为 42.1 厘米
胸　围	39.2～46.8 厘米，平均为 43.0 厘米	38.1～45.7 厘米，平均为 41.9 厘米

·爱的寄语·

·成长记事本·

·宝宝趣事·

☆ ☆ ☆

宝宝智能发育记录

大动作发育	1. 从这个月开始，由于宝宝运动量增加，身长增长速度开始下降，这是正常发展规律 2. 各种动作较以前熟练了，而且俯卧位时，肩胛与平面呈 90° 角
精细动作发育	1. 拿东西时，拇指较以前灵活多了，可以攥住小东西 2. 宝宝喜欢乱抓各种各样的东西，会对玩具做各方面的观察，最后放在嘴里做进一步的"鉴定"
视觉发育	物品在他眼中已逐渐形成有立体感的影像了。只要是放在周围的固定物，宝宝相对比较能确定物品的位置，并伸手去拿。宝宝能逐渐盯着某一物看几秒钟，即具"定视"的能力
听觉发育	这个阶段的宝宝听觉已很发达，对悦耳的声音和嘈杂的刺激已经能做出不同反应。妈妈轻声跟他讲话，他会表现出注意倾听的表情
语言能力发育	1. 这个时期的宝宝在语言发育和感情交流上进步很快，会大声笑，声音清脆悦耳 2. 当有人与他讲话时，他能发出"咿呀"的声音，好像在与人对话
作息时间安排	这个月的宝宝会区分昼夜了，睡觉的时候生长激素分泌非常旺盛
大小便训练	5 个月的宝宝开始添加辅食了，宝宝的大便和之前比会出现颜色和形状上的差异，这些都是正常的
睡眠原则	这个月龄的宝宝爱睡觉的并不多，因为体能和智能发育都大大提高了，正常每天需睡眠 14 ~ 16 个小时，如果宝宝睡眠不足 14 个小时，但只要精神饱满，就属正常

注：以上属于该月龄宝宝的普遍发育水平，所以若在该月龄范围内未达标，建议加强锻炼。

☆ ☆ ☆
小测试

序号	测试题	选项		得分
1	听到成人说物品名称	A. 用手指物品的方向（16分）		10分为合格
		B. 用眼睛看物品（10分）		
		C. 不看（0分）		
2	握物	A. 两手分别各拿一物（10分）		10分为合格
		B. 用拇指与示、中、无名指和小指相对握物（5分）		
		C.5个手指向相同方向大把抓握（3分）		
3	传手	A. 握物时能传手（12分）		10分为合格
		B. 扔掉手中之物再取一物（10分）		
4	仰卧时	A. 手抓到脚，将脚趾放入口中啃咬（12分）		10分为合格
		B. 手在体侧抓到脚（10分）		
		C. 手抓不到脚（2分）		
5	发双辅音，如"mm"	A.3个（12分）		10分为合格
		B.2个（10分）		
		C.1个（6分）		
6	成人背儿歌时	A. 会做一种动作（12分）		10分为合格
		B. 只笑不动（10分）		
		C. 不笑，也不会做动作（6分）		

序号	测试题	选项	得分
7	照镜时笑、同他说话、用手去摸、同他碰头	A.4种（15分） B.3种（10分） C.2种（6分） D.1种（3分）	10分为合格
8	遇见陌生人	A.将身体藏在妈妈身后或躲藏在怀中（10分） B.注视（6分） C.完全不避陌生人（4分）	10分为合格
9	排便前	A.出声表示（12分） B.用动作表示（10分） C.不表示（6分）	10分为合格
10	俯卧托胸	A.头部、躯干、腿完全持平（10分） B.膝屈（8分） C.腿下垂（2分）	10分为合格
11	俯卧时上身抬起腹部贴床	A.在床上打转360°（12分） B.打转180°（10分） C.打转90°（2分） D.完全不转（0分）	10分为合格

测试分析

总分在100分以上为优秀，90~100分为正常，70分以下为暂时落后。如果哪一道题在合格以下，可先复习上月相应的试题或练习该组的全部试题，通过后再练习本阶段的题。哪一道题在合格以上，可练习下阶段同组的试题，使宝宝发育的优势更加明显。

建议喂养方案

这个时期宝宝主要需要的营养

5个月的宝宝母乳可能无法满足其所需营养，需要添加辅食，补充宝宝所需的维生素和无机盐，特别是铁和钙，还要为身体补充热量和蛋白质。

如何喂养本月宝宝

人工喂养时

宝宝到了5个月，不要认为就应该比上一个月多添加奶粉，其实营养量基本是一样的。这个月可以适时喂宝宝一些泥糊状食物，添加泥糊状食物的目的是让宝宝养成吃乳类以外食物的习惯，刺激宝宝味觉发育，为宝宝进入换乳期做准备，同时也能锻炼宝宝的吞咽能力，促进咀嚼肌的发育。

如果宝宝一次性喝下较多配方奶可以保证很长时间不饿的话，也可以采取这样的喂养安排，每次喂配方奶220～240毫升，一天喂4次。但要注意，不要因为宝宝爱喝配方奶就不断给宝宝增加奶量，这样会影响宝宝的健康和发育。

母乳喂养时

5个月的宝宝体重增加状况和上一个月相比区别不大，平均每天增长15～20克，母乳喂养的情况跟上个月差不多。但是当母乳不充足时，宝宝就会因肚子饿而哭闹，体重增加也变得缓慢，这时就要考虑添加配方奶了。

日常护理指南

呵护好宝宝的情绪

5个月的宝宝已有比较复杂的情绪了，此时的宝宝，面庞就像一幅情绪的图画，高兴时他会眉开眼笑、手舞足蹈、咿呀作语，不高兴时，则会哭闹喊叫。并且此期的宝宝似乎已能分辨家长严厉或亲切的声音，当家长离开他时，他还会产生惧怕、悲伤等情绪。当然，这段时期只是宝宝情绪的萌发时期，也是情绪健康发展的敏感期。

❋ 小 贴 士

做好宝宝的情绪护理

宝宝5个月时，父母一定要做好宝宝的情绪护理工作。妈妈要用温暖的怀抱、香甜的乳汁、亲切的笑容来抚慰宝宝，使宝宝产生欢快的情绪，建立起对妈妈的依赖和对周围世界的信任。这样宝宝就易产生一种欢快的情绪，对于宝宝的心理发展及成长是很有益的。

给宝宝剪指甲

宝宝的指甲长得很快，一般4~5天就要剪一次，否则宝宝会抓伤自己的小脸。

选用钝头指甲剪

给宝宝剪指甲时，妈妈要选用安全实用的宝宝专用指甲剪，在大多数孕婴店都可以买到。宝宝专用指甲剪是专门为宝宝设计的，修剪后有自然的弧度。

选择合适的时机

建议妈妈在宝宝熟睡后再进行修剪。另外，宝宝洗澡后，指甲比较柔软，这时修剪也比较方便。给宝宝剪指甲时，妈妈一定要抓牢小手，以免误伤宝宝。

外 出

4～5个月的宝宝喜欢家人抱着走出家门，这时家人可以每天抱宝宝到室外看看，保证宝宝2～3个小时的户外活动时间。

把宝宝抱到户外，看看更多的人、更多的新鲜的东西。也可以为宝宝找些同龄小伙伴，增加他们活动的积极性。

适合这个阶段宝宝的玩具

5个月的宝宝动作已经很灵活了，喜欢触摸东西，喜欢看明亮鲜艳的色彩，同时也会因听到一种奇特的声音而高兴。

这一时期宝宝需要的玩具主要不在于造型的逼真和结构的完美，而是必须可以方便抓取和玩耍，且无毒。其外形必须圆滑而无尖利，有鲜艳的色彩，并能发出响声。所以对这一时期的宝宝比较合适婴儿健身架、安抚娃娃及会发出音乐声的琴等，切忌选择金属玩具或长绒玩具，以防尖刺划伤皮肤或异物入口。

给宝宝安全的环境

保证宝宝的居家安全	
1	千万别将宝宝单独留在车内或屋内。宝宝吃东西时，要一直待在他身边
2	不能将宝宝单独留在浴缸或浴盆内
3	宝宝在小床内时要将护栏拉起来
4	抱起宝宝时要托住他的胸部，不可以从他的臂膀拉起来
5	宝宝在桌、床或沙发上时一定要留意他
6	千万别使用塑料袋作为桌、床及沙发的覆罩
7	随时留意可能会使他噎住的小东西

家庭医生

宝宝肺炎的护理

病症

一般来说,肺炎症状较重,宝宝常有精神萎靡、食欲缺乏、烦躁不安、呼吸增快等表现。重症的肺炎患儿还可能出现呼吸困难、鼻翼扇动、三凹症(指胸骨上窝、肋间及肋骨弓下部随吸气向下凹陷)、口唇及指甲发绀等症状。如果发现宝宝出现上述症状,要及时带宝宝去医院就诊。

处理方法

患肺炎的宝宝需要认真护理,尤其是患病毒性肺炎的宝宝,由于目前尚无特效药物治疗,更需注意护理。宝宝患了肺炎,需要安静的环境以保证休息,避免在宝宝的居室内高声说话,要定期开窗通风,以保证空气新鲜,不能在宝宝的居室内抽烟,要让宝宝侧卧,这样有利于气体交换。

宝宝的饮食应以清淡为主,要让宝宝多喝水,因宝宝常伴有发热、呼吸增快的症状,因此,丢失水分比正常时要多。

宝宝贫血的预防

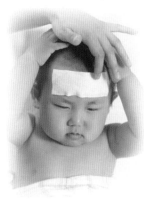

宝宝体内储存的铁含量很少,出生4个月后将不能满足生长发育的需要。而此时宝宝正处在生长的增长期,血容量增加很快,并且宝宝活动量增加,对营养素的需求也相对增加,尤其是铁的需要量也相对增加,所以,为了预防贫血的发生,应增加含铁丰富的辅食,以补充机体内所需的铁。

由于此时宝宝还不能吃富含铁的动物性食物,如猪肝泥、鸡肝泥,吃蛋黄又容易过敏,所以此时最佳的预防贫血的辅食就是铁强化的米粉。还可以给宝宝补充含维生素C较高的蔬菜泥和水果泥,对预防宝宝贫血也很有好处。

急性支气管炎的
治疗与护理

病症

　　这是一种病毒、细菌通过鼻、喉进入身体附着于支气管黏膜，从而引发的炎症。最明显的特征为发热、剧烈的长时间咳嗽。冬季多发，大部分都是由于感冒持续时间长、病情恶化造成的。

　　上呼吸道感染进一步发展导致支气管发炎。不到6个月的宝宝如果受到病毒感染，可能会导致细支气管发炎。

病情有所好转但咳嗽持续时间比较长

　　应遵医嘱以服用抗生素类药物为主，配合服用止咳、祛痰、退热的药物。基本静养1周左右症状即可减轻。但是由于支气管黏膜受损，咳嗽还会持续一段时间。彻底痊愈大概需要2～3周。

　　室内应尽量维持一定的湿度，标准为40%～60%RH。如果宝宝咳嗽不止，可以适当哄抱，轻拍背部安抚，同时还要注意及时给宝宝补充水分。

从干咳发展到咳嗽中有痰

　　从最初发热、流鼻涕、轻微的感冒症状开始到干咳，再发展到咳嗽中有痰。继而开始出现高热、呼吸困难，听诊器可以听到胸部有"呼呼"的呼吸声。

　　由于剧烈的咳嗽导致宝宝无法入睡，甚至有呕吐、食欲缺乏，严重时会出现呼吸困难的现象。

宝宝智力加油站

5个月的宝宝，记忆能力已基本形成，开始有了自我意识，并模糊地开始知道自己的名字，大脑也开始学会分析所见的事物，在语言上可以发出无所指单音，并喜欢别人逗他玩。

语言学习

逗引发音：多跟宝宝说话，逗引宝宝注视爸爸妈妈的口型，以便教他模仿发音。

认识自己名字：爸爸妈妈可以叫宝宝的名字，看宝宝有没有反应。一般宝宝对声音都会有反应，但不一定是因为懂得自己的名字，所以爸爸妈妈可以先说别的小宝宝名字，再叫宝宝，看宝宝有什么反应，并要反复训练几次。

认知学习

寻找事物：爸爸妈妈将玩具从宝宝眼前落地，发出声音，看看宝宝是否用眼睛去寻找。此外，爸爸妈妈也可以轻摇玩具引起宝宝的注意，然后走到宝宝视线以外，用玩具的声音逗引宝宝，或者把玩具塞入被窝，看宝宝能否找到。

认识物名：训练宝宝听到物名后，去看物品并用手指物品。

大动作学习

抬头：让宝宝俯卧着，训练宝宝抬头，让宝宝的胸部离开床，抬头看前方。

翻身：用玩具逗引宝宝左右翻身，从仰卧位翻成俯卧位。

精细动作学习

伸手抓握：在宝宝面前放上各种物品，让宝宝伸手抓握，然后把物体移远一点再训练他抓握。

手指运动：训练宝宝的手指灵活性，就要让他多抓住玩具进行敲、摇、推、捡等动作。

5～6个月的宝宝

☆☆☆
体格发育监测标准

类别	男宝宝	女宝宝
身 高	59.9～73.9 厘米，平均为 66.9 厘米	58.6～72.1 厘米，平均为 65.4 厘米
体 重	5.97～11.72 千克，平均为 8.845 千克	5.64～10.93 千克，平均为 8.285 千克
头 围	41.5～46.7 厘米，平均为 44.1 厘米	40.4～45.6 厘米，平均为 43.0 厘米
胸 围	39.7～48.1 厘米，平均为 43.9 厘米	38.9～46.9 厘米，平均为 42.9 厘米

•爱的寄语•

•成长记事本•

•宝宝趣事•

☆ ☆ ☆

宝宝智能发育记录

大动作发育	1. 如果让宝宝仰卧在床上，他可以自如地变为俯卧位，坐位时背挺得很直 2. 当扶住宝宝站立时，能直立 3. 宝宝在床上处于俯卧位时很想往前爬，但由于腹部还不能抬高，所以爬行受到一定限制
精细动作发育	1. 这个月的宝宝喜欢好奇地摆弄自己的身体，用手抓住脚，可以将玩具从一只手换到另一只手 2. 这个月的宝宝还有个特点，就是不厌其烦地重复某一动作，经常故意把手中的东西扔在地上，捡回来又扔，可反复二十几次；还常把一件物体抓到身边，推开，再抓回，反复做，这是宝宝在显示他的能力
视觉发育	这个月龄的宝宝凡是他双手所能触及的物体，他都要用手去摸一摸；凡是他双眼所能见到的物体，他都要仔细地瞧一瞧，但是，这些物体到他身体的距离需在 70 厘米以内。由此证明，宝宝对于双眼见到的任何物体，他都不肯轻易放弃主动摸索的良机
听觉发育	这个月龄的宝宝对妈妈、爸爸及其他照料者的声音较熟悉，叫他的名字时开始有反应
语言能力发育	这个月龄的宝宝，可以和妈妈对话了，两人可以无内容地一应一和地交谈几分钟，他自己独处时，可以大声地发出简单的声音，如 "ma" "da" "ba" 等
大小便训练	这个月开始添加米糊类的辅食，容易便秘，妈妈可以试着给宝宝做腹部按摩或吃蔬菜泥，效果不错
作息时间安排	6 个月的宝宝白天应小睡 2 ~ 3 次，夜里通常只醒 1 次。6 个月的宝宝每日需睡 14 ~ 16 个小时
睡眠原则	本月宝宝没有统一的睡眠时间标准，只要宝宝各方面情况良好，就没有必要为宝宝睡眠少而着急

注：以上属于该月龄宝宝的普遍发育水平，所以若在该月龄范围内未达标，建议加强锻炼。

建议喂养方案

这个时期宝宝主要需要的营养

绝大部分妈妈都认为母乳喂养到 6 个月就足够了，很多妈妈都因为上班或怕身体变形，在宝宝 6 个月左右就不再母乳喂养了，但实际上，母乳还是对宝宝最好的食品。目前国际上流行"能喂多久就喂多久"的母乳喂养方式，很多西方国家都坚持母乳喂养一直到宝宝 2 岁。

如何喂养本月宝宝

对于母乳充足的妈妈来说，可以再坚持一个月的纯母乳喂养。如果母乳不足而进行混合喂养，则可以给宝宝吃一些母乳或配方奶以外的食品，补充宝宝所需的营养，并自然过渡到辅食，但每天仍要喂奶 4 ～ 5 次，不能只给宝宝喂辅食或以辅食为主，那样宝宝摄取的营养会不全面。

宝宝的饮食禁忌

辅食不要添加味精

味精的主要成分是谷氨酸，含量在 85% 以上，这种物质会与宝宝血液中的锌发生物理结合，生成谷氨酸锌，不能被身体吸收，随尿液排出，锌的缺失会导致宝宝缺锌，并出现厌食、生长缓慢，所以宝宝辅食不要添加味精。

辅食不要添加白糖

很多食物本身就含有糖分，在给宝宝制作辅食时最好少用白糖，不要让宝宝养成爱吃甜食的习惯。若过多地摄取白糖会导致肥胖，应尽可能控制食用。

不要只给宝宝喝汤

有的家长认为汤水的营养是最丰富的，所以经常给宝宝喝汤或用汤泡饭，其实这是错误的。因为无论怎么煮，汤水的营养都不如食物本身的营养丰富，因为汤里的营养只有 5% ~ 10%。

不要把食物嚼烂后再喂宝宝

大人口腔中往往存在着很多病毒和细菌，即使刷牙也不能把它们清理干净。有些成年人口腔不洁，生有牙病或口腔疾病，这些致病微生物在口腔内存积更多，宝宝一旦食入被大人咀嚼过的食物，将这些致病微生物带入体内，有可能引起疾病的发生。

什么时候开始添加辅食

辅食最早开始于 4 个月之后

宝宝出生后的前 3 个月基本只能消化母乳或配方奶，并且肠道功能也未成熟，进食其他食物很容易引起过敏反应。若是喂食其他食物引起多次过敏反应，就可能导致消化器官和肠功能发育成熟后也会排斥该食物。所以，辅食添加最早可以选在消化器官和肠功能成熟到一定程度的 4 个月龄为宜。

尤其是有些过敏体质的宝宝，过早添加辅食可能会加重过敏症状，所以易过敏的宝宝 6 个月后可以开始添加辅食。

辅食添加最好不晚于 6 个月

母乳所提供的营养已经无法满足 6 个月大的宝宝的发育需求了，随着宝宝成长速度的加快，各种营养需求也随之增大，因此通过辅食添加其他营养成分是非常必要的。6 个月的宝宝如果还不开始添加辅食，不仅可能造成宝宝营养不良，还有可能使得宝宝对母乳或者配方奶的依赖增强，以至于无法成功换乳。

可以添加辅食的一些表现	
1	首先观察一下宝宝能否自己支撑住头，若是宝宝自己能够挺住脖子不倒而且还能进行少量转动，就可以开始添加辅食了。如果连脖子都挺不直，那显然为宝宝添加辅食过早
2	背后有依靠宝宝能坐起来
3	能够观察到宝宝对食物产生兴趣，当宝宝看到食物开始垂涎欲滴的时候，也就是开始添加辅食的最好时间
4	如果 4 ~ 6 个月龄的宝宝体重比出生时增加一倍，证明宝宝的消化系统发育良好，比如酶的发育、咀嚼与吞咽能力的发育、开始出牙等
5	能够把自己的小手往嘴巴里放
6	当大人把食物放到宝宝嘴里的时候，宝宝不是总用舌头将食物顶出，而是开始出现张口或吮吸的动作，并且能够将食物向喉间送去，形成吞咽动作
7	一天的喝奶量能达到 1 000 毫升

宝宝各阶段添加的辅食食材

月龄	类别	食材
从4个月开始	谷类	米粉
	蔬果类	黄瓜、南瓜、橙子
从5个月开始	蔬菜类	西蓝花
	水果类	苹果、香蕉
从6个月开始	蔬菜类	胡萝卜、菠菜、大头菜、白菜、莴苣
	豆类	豌豆
从7个月开始	谷类	大米、小米、小麦（做成米汤类）
	蔬果类	洋葱、香瓜、马铃薯、地瓜
	蛋类	蛋黄（有过敏症状的宝宝可以1周岁后开始食用）
从8个月开始	海鲜类	鳕鱼、黄花鱼、明太鱼、比目鱼、刀鱼、海带（有过敏症状的宝宝可以选择性食用）
从9个月开始	谷类	黑米、绿豆
	蔬果类	黄豆芽、绿豆芽、哈密瓜
	海鲜类	白鲢、牡蛎
	调料类	食用油
从10个月开始	谷类	麦粉（有过敏症状的宝宝可从出生13个月后再开始食用）
	蔬果类	葡萄（压碎去籽后）
	海鲜类	虾（有过敏症状的宝宝可从25个月后开始食用）
	蛋类	鸡蛋羹

月龄	类别	食材
从11个月开始	谷类	红豆
	蔬果类	青椒、蕨菜
	肉类	猪肉（里脊）、鸡肉（所有部位）
	海鲜类	干银鱼（将银鱼泡在水里等完全去除盐分后再做成宝宝辅食，做汤要从13个月后再开始食用）、飞鱼子
	其他	面包（有过敏症状的宝宝应在医生指导下食用）
从12个月开始	谷类	薏米
	面食类	面条、乌冬面、意大利面、荞麦面（有过敏症状的宝宝可从25个月后再开始食用）、粉条
	蔬果类	韭菜、茄子、番茄、竹笋、橘子、柠檬、菠萝、橙子、草莓、狝猴桃
	肉类	牛肉（里脊和腿部瘦肉）
	海鲜类	鱿鱼、蟹、鲅鱼、枪鱼（有过敏症状的宝宝可以选择性食用）
		干贝、蛏子、小螺、蛤仔、鲍鱼（有过敏症状的宝宝应在25个月后开始食用所有蚌类）
	乳制品类	鲜牛奶（有过敏症状的宝宝应咨询医生食用）、炼乳
	蛋类	蛋清、鹌鹑蛋清（有过敏症状的宝宝应在出生后25个月开始食用）
	调料类	盐、白糖、番茄酱、醋、沙拉酱
	其他	玉米片、蜂蜜、蛋糕、香肠、火腿肠、鸡翅
从18个月开始	乳制品	奶酪
	坚果类	南瓜子
从24个月开始	肉类	猪肉（五花肉）
	蔬果类	洋葱、香瓜
	海鲜类	黄花鱼、干虾
	坚果类	杏仁（如果有过敏症状的宝宝可选择性食用）
	其他	巧克力、鱼丸（切成小块，注意喂食安全）

辅食添加的顺序

汁—泥—半固体—固体

辅食的状态应该由汁状开始，如稀米糊、菜汁、果汁等，到泥状，如浓米糊、菜泥、果泥、肉泥、鱼泥、蛋黄等，再到半固体、固体辅食，如软饭、烂面条、小馒头片等。

初期—中期—后期—结束期

可以从宝宝4个月开始添加汁泥状的辅食，算是辅食添加的初期。从宝宝6个月开始添加半固体的食物，如果泥、蛋黄泥、鱼泥等。宝宝7～9个月时可以由半固体的泥状食物逐渐过渡到可咀嚼的半固体食物。宝宝10～12个月时，可以逐渐进食固体食物。

✿ 小 贴 士

宝宝的第一餐应该加什么

传统意义上认为最早给宝宝添加的食物应该是蛋黄，其实给宝宝的第一餐应该添加精细的谷类食物，而最好的就是强化铁的婴儿营养米粉。

这是因为精细的谷类不宜引发过敏反应，而且在宝宝出生后4～6个月，这个时期宝宝对铁的需求量明显增加，从母体储存到宝宝体内的铁逐渐消耗殆尽，母乳中的铁含量又相对不足，如果不额外补充铁，就容易发生缺铁性贫血。而婴儿特制米粉中含有适量的铁元素，且比蛋黄中的铁更容易被宝宝吸收。

谷物—蔬菜—水果—肉类

首先应该给宝宝添加谷类食物，而且是加入了铁元素的各类食物，如婴儿含铁营养米粉，之后就可以添加蔬菜，然后就是水果，最后才开始添加动物性的食物，如鸡蛋羹、鱼肉、禽肉、畜肉等。

泥糊状辅食的
制作工具

父母在给宝宝制备泥糊状食物时，要注意食物的种类和烹饪的方式，无论是蒸、煮还是炖，都要多多尝试，这样或许会让宝宝胃口大开。

合适的泥糊状食物制作工具是必不可少的，父母要专门准备一套制作工具。还要给宝宝准备一套专用的餐具，并鼓励宝宝自己进食，这样会产生事半功倍的效果。

安全汤匙、叉子

这组餐具的粗细很适合宝宝拿握，非常受欢迎。叉子尖端的圆形设计，能避免宝宝使用时刺伤自己的喉咙，上面还印有宝宝喜爱的卡通人物，能让宝宝享受更愉快的用餐时光。

食物研磨用具组合

尽管使用家中现有的用具也能烹调泥糊状食物，但若准备一套专门用具，会更方便顺手。它有榨汁、磨泥、过滤和捣碎4项功能，还能全部重叠组合起来，收纳不占空间。

食物研磨用具可以方便调制宝宝泥糊状食物。可在微波炉里加热。食物研磨用具组合是方便、多样化调配泥糊状食物的万能工具。

添加初期辅食的
原则、方法

添加初期辅食的原则

由于生长发育以及对食物的适应性和喜好都存有一定的个体差异，所以每个宝宝添加辅食的时间、数量以及速度都会有一定的差别，妈妈应该根据自己宝宝的情况灵活掌握添加时机，循序渐进地进行。

添加辅食不等同于换乳

当母乳比较多，但是因为宝宝不爱吃辅食而用断母乳的方式来逼宝宝吃辅食这种做法是不可取的。因为母乳毕竟是这个时期的宝宝最好的食物，所以不需要着急用辅食代替母乳。

添加初期辅食的方法

妈妈到底该如何在众多的食材中选择适合宝宝的辅食呢？如果选择了不当的辅食会引起宝宝的肠胃不适甚至过敏现象。所以，在第一次添加辅食时尤其要谨慎。

留意观察是否有过敏反应

待宝宝开始吃辅食之后，应该随时留意宝宝的皮肤。看看宝宝是否出现了什么不良反应。如果出现了皮肤红肿甚至伴随着湿疹的情况，就该暂停喂食该种辅食。

留意观察宝宝的粪便

宝宝粪便的情况妈妈应该随时留意观察。如果宝宝粪便不正常，也要停止相应的辅食。等到宝宝没有消化不良的症状后，再慢慢地添加这种辅食，但是要控制好量。

辅食添加的量

奶与辅食量的比例为 4：1，添加辅食应该从少量开始，然后逐渐增加。刚开始添加辅食时可以从加入了强化铁的米粉开始，然后逐渐过渡到菜泥、果泥、蛋黄等。食用蛋黄的时候应该先用小匙喂大约 1/8 大的蛋黄泥，连续喂食 3 天，如果宝宝没有大的异常反应，再增加到 1/4 个蛋黄泥。接着再喂食 3 ~ 4 天，如果还是一切正常就可以加量到 1/2 个蛋黄泥。需要提醒的是，大约 3% 的宝宝对蛋黄会有过敏、起皮疹、气喘甚至腹泻等不良反应。如果宝宝有这样的反应，应暂停喂养。

教妈妈学做辅食

☆ ☆ ☆

★ 配方奶米粉 ★

材料

婴儿配方奶粉 1 匙，婴儿米粉 1 匙，温水 30 毫升。

做法

将婴儿配方奶粉按照对应比例冲调后，加入婴儿米粉，最初可以 1 匙婴儿米粉加 30 毫升的配方奶，再次添加辅食时可以逐步变稠。

★ 南瓜泥 ★

材料

南瓜 30 克，温开水适量。

做法

1. 南瓜削皮，用水煮软，捣碎。

2. 用温开水调成糊状，或用蔬菜汤代替温开水，调匀即可。

★ 苹果汁 ★

材料
苹果 1/3 个，清水 30 毫升。

做法

1. 将苹果洗净，去皮，放入榨汁机中榨成苹果汁。

2. 将清水倒入等量苹果汁中加以稀释。

3. 将稀释后的苹果汁放入锅内，再用小火煮一会儿即可。

★ 胡萝卜汁 ★

材料
胡萝卜 1 根，清水 30 毫升。

做法

1. 将胡萝卜洗净，切小块。

2. 将胡萝卜块放入小锅内，加 30 毫升水煮沸，小火煮 10 分钟。

3. 过滤后将胡萝卜汁倒入小碗即可。

日常护理指南

宝宝用品

　　宝宝渐渐长大，此期间，除了继续使用以前的用品外，从5个月开始应该为宝宝增加的用品有小匙、小碗、围嘴等物品。这些物品的选择，同样要选择安全、无污染的材质。当然价格也需要考虑，不是越贵越好，给小宝宝买东西，看重的是品质和安全，而其他一些因素都是次要的。

准备家庭小药箱	
家中常备的内服药	退热药、感冒药、益生菌等
家中常备的外用药	3%碘优液、2%甲紫（紫药水）、1%碘附、75%乙醇、创可贴、棉棒、纱布、脱脂棉、绷带等

生理性厌奶期

　　一般在4～6个月，宝宝会经历一个厌奶期。这时候的宝宝，各个方面都开始发育成熟，对于周围的环境会愈加好奇，所以容易分心；也因为辅食的添加，饮食多样化，让宝宝产生厌奶的行为。

　　厌奶并不会造成营养不良，只是生长期的一个阶段，所以不必过于担忧，也不要强迫宝宝进食，经过一段时间，宝宝就会自然恢复。

家庭医生

缺锌会导致哪些症状

通常，宝宝缺锌就会有以下几种状况出现：食欲不佳、挑食等；与同龄的宝宝相比，缺锌的宝宝的体重与身高均增长缓慢；头发长得稀疏，且长得很慢；容易患口腔溃疡和呼吸道感染等疾病。

如何给宝宝补锌

家长应带宝宝到医院做相关化验，让医生给出相应的指导，合理地给宝宝补锌。如果带宝宝到医院化验后，其结果是宝宝缺锌，那么家长可首先通过食补的方式为宝宝补锌。相对而言，通过食补为宝宝补锌是一种极为安全的方法。

鱼类、蛋黄、瘦肉、牡蛎等食物中含锌较为丰富。其中锌的含量最高的是牡蛎。相对而言，植物性食物中锌的含量较低。在植物性食物中锌含量稍高一些的食物主要有萝卜、大白菜、豆类、花生、小米等。

宝宝如果缺锌十分严重，不仅要进行食补，而且极有必要进行药补。但通过药补为宝宝补锌时，必须要谨遵医嘱。在服药一段时间后，若宝宝并没有好转，家长就应带宝宝再到医院做进一步的检查，以确定宝宝的病因。

☆ ☆ ☆

宝宝智力加油站

宝宝坐立能力训练

6个月的宝宝好像突然对翻身失去了兴趣，平躺的时候，老是抬起头来，拽着爸爸妈妈的手就想要坐起来。这是宝宝要学坐的信号，爸爸妈妈要为宝宝创造这个锻炼的机会。

宝宝练坐三不宜	
不可单独坐	不可以让宝宝单独坐在床上，以防有外力或宝宝动作过大而摔下床。可以将宝宝坐的空间用护栏围起来，以保证安全
不要跪成"W"形	练坐时不要让宝宝两腿成"W"形或两腿压在屁股下坐立，这样容易影响宝宝腿部的发育，最好是采用双腿交叉向前盘坐
不宜坐太久	刚开始学坐时间不宜太久，因为这时宝宝的脊椎骨尚未发育完全，时间过长容易导致脊椎侧弯，影响生长发育。宝宝开始练坐时，最好能在他的背后放个大垫子，帮助他保持身体的平衡

扶坐练习

宝宝仰卧，可以让他的两手一起握住妈妈的拇指，而妈妈则要紧握宝宝的手腕，另一只手扶宝宝头枕部坐起，再让他躺下，恢复原位。

若宝宝头能挺直不后倒，可渐渐放松扶头枕部的力量，每日练数次，锻炼宝宝腹部肌肉，增加手掌的握力及臂力。

独坐练习

在宝宝会靠坐的基础上，可以让宝宝进行独坐练习。爸爸妈妈可以先给宝宝一定的支撑，以后逐渐撤去支撑，使其坐姿日趋平稳，逐步锻炼颈、背、腰的肌肉力量，为独坐自如打下基础。

宝宝的翻身能力训练

6个月的宝宝在俯卧时，前臂可以伸直，手可以撑起，胸及上腹可以离开床面，开始会自己从俯卧位翻成仰卧位。如果父母在一边用玩具逗引，宝宝能动作熟练地从仰卧位自行翻滚到俯卧位。

让宝宝练习翻身可以锻炼他的背部、腹部、四肢肌肉的力量。训练时宜先从仰卧翻到侧卧开始，爸爸妈妈可以用玩具在宝宝身体上方的一侧慢慢移向另一侧，引诱宝宝并帮助他完成翻身动作。然后再锻炼宝宝从侧卧翻到俯卧，最后从俯卧翻成仰卧。宝宝学会了翻身，就为他自己探索世界迈出了第一步。

宝宝平衡感训练

平衡感训练，与锻炼宝宝眼球的追视能力、专注力、阅读力、音感能力、触觉和语言能力都有关，所以以锻炼宝宝的平衡感也是极其重要的。

宝宝为何
爱吃手

　　吃手是每个正常的婴幼儿都必会经历的一个生理发育过程，而宝宝吃手既能使口腔的吸吮欲望得到满足，又是在用味觉进行探索。

　　妈妈在宝宝6个月到1岁期间要注意引导宝宝从用口腔探索发展到用手探索，帮助宝宝尽早顺利愉快地渡过口欲期。

宝宝吃手时妈妈可以这样做

　　1. 赞赏加引导，以引导为主。当宝宝"吃手"时，用欣赏的眼光称赞他："我的小宝贝可真能干，长大了，会吃手了！来让妈妈也吃一口（亲亲宝宝的小手），啊，好香啊！"这时，宝宝就顺理成章地把小手拿出来了。

　　2. 加强手部按摩，让宝宝建立"手"的准确概念。小手拿出来，就可以为他做按摩，做手指游戏了，效果极佳。

　　3. 多抚摸宝宝，多陪宝宝一起玩，让宝宝感到愉快、安心，从而减少通过吃手来自我安慰的机会。

　　4. 宝宝吃手时不要鲁莽地把手生拉硬拽出来，也不要呵斥宝宝，可以通过转移注意力的方法，如给宝宝一个有趣的玩具、指引宝宝看一些新奇的东西，自然地让宝宝把手拿出来。

宝宝启蒙教育与
记忆力培养

6 个月时，宝宝不但在语言、动作上有了很大的发展，在智能上也有了很大的变化，因此，爸爸妈妈要做好宝宝智力开发的启蒙教育。

色彩启蒙

宝宝对颜色的认识不是一下子就能完成的，必须经过耐心的启蒙和培养，这种启蒙教育应该从早期开始，特别是 6 个月的宝宝。

这个月龄的宝宝，对语言已有了初步的理解能力，能够坐起来，手能够抓握，可以有效地进行一些色彩游戏。

多彩大自然

爸爸妈妈可以多带宝宝到大自然中去，看看蔚蓝的天，漂浮的白云，公园里五颜六色的鲜花等。让宝宝接触绚丽多彩的颜色。

多彩的卧室

爸爸妈妈可以在宝宝的居室里贴上一些色彩协调的图片，经常给宝宝的小床换一些颜色清爽的床单和被套。并且，在宝宝的视线内还可以摆放一些色彩鲜艳的彩球、玩具等，充分利用色彩对宝宝进行视觉刺激。

教育启蒙

这个月宝宝的教育启蒙，主要以认识身边事物为主，爸爸妈妈可以根据以下方法来对宝宝进行教育。

增强宝宝记忆力

6 个月是开发宝宝记忆能力的最佳时期。作为爸爸或妈妈，你也许会问提高宝宝的记忆力该怎么做呢？选择合适的玩具会对你非常有帮助。

6 个月的宝宝视听感觉已比较灵敏，这时除了给宝宝一些小摇铃等带柄的玩具抓握外，还可提供一些可放出音乐的玩具。

七彩大卡片

宝宝对色彩也是比较敏感的，他们大都喜欢颜色鲜艳的物品，而大卡片就是宝宝最早、最容易接触的物品，如把水果等用鲜艳的色彩画在卡片上，放在宝宝周围，有助于视觉的发育。

抱抱安抚玩具

这个年龄段的宝宝开始对安抚玩具有了一种依恋感。选择安抚玩具的标准是：柔软，想拥抱时很舒服。要注意玩具的做工，最好选择那种没有"纽扣眼睛""珍珠鼻子"的玩具，避免宝宝误吞导致窒息。

第三章

6～9个月
原来辅食可以这么好吃！

6～9个月随着宝宝的长大，肠胃逐渐成熟，应该让宝宝适应更多的辅食了。在添加辅食的同时别忘了：从稀到干、从少到多、从细到粗、从素到荤的顺序。

6～7个月的宝宝

 ☆ ☆ ☆
体格发育监测标准

类别	男宝宝	女宝宝
身 高	61.4～75.8 厘米，平均为 68.6 厘米	60.1～74 厘米，平均为 67.1 厘米
体 重	6.24～12.2 千克，平均为 9.22 千克	5.9～11.4 千克，平均为 8.65 千克
头 围	42.4～47.6 厘米，平均为 45.0 厘米	42.2～46.3 厘米，平均为 44.3 厘米
胸 围	40.7～49.1 厘米，平均为 44.9 厘米	39.7～47.7 厘米，平均为 43.7 厘米

· 爱的寄语 ·

· 成长记事本 ·

· 宝宝趣事 ·

宝宝智能发育记录

大动作发育	1. 这个月龄的宝宝会翻身，如果扶着他，能够站得很直，并且喜欢在扶立时跳跃 2. 7个月的宝宝已经开始会坐，但还坐不好，由于刚刚学会坐姿，腰部力量还不够大，因此不要长时间坐着
精细动作发育	这个月龄的宝宝抓东西时目的更加明确，可用双手同时抓两个物体
视觉发育	1. 远距离知觉开始发展，能注意远处活动的东西，如天上的飞机、小鸟等。这时的视觉和听觉有了一定的细察能力和倾听的性质，这是观察力的最初形态 2. 周围环境中鲜艳明亮的活动物体都能引起宝宝的注意。拿到东西后会翻来覆去地看看、摸摸、摇摇，表现出积极的感知倾向，这是观察的萌芽
听觉发育	宝宝到了7个月，听力比以前更加灵敏了，可以连续发出简单的声音，能区别简单的音调
语言能力发育	1. 宝宝对于声音虽然有反应，但是他还不明白话语的意思 2. 这个月龄的宝宝认知能力不断加强，可以训练让他建立词语和实物的联系
作息时间安排	这个月龄的宝宝一天中增加了吃辅食的时间，活动量就应增加一些
大小便训练	添加辅食之后，千万别突然停掉，这样会严重影响宝宝的大便质量和身体健康
睡眠原则	从本月起，宝宝的睡眠时间会有明显变化，白天的睡眠减少了，玩的时间延长了，晚上睡觉时间也向后推迟。一般每日睡眠时间为14个小时左右

注：以上属于该月龄宝宝的普遍发育水平，所以若在该月龄范围内未达标，建议加强锻炼。

小测试

☆ ☆ ☆

序号	测试题	选项	得分
1	学习认识第一个身体部位（手、鼻子、耳朵等）	A. 听到声音会伸手去指（12分） B. 听到声音有动作表示（挤眼睛、撅嘴巴、鼻子）（10分） C. 只用眼睛看（6分）	10分为合格
2	寻找藏起来的东西	A. 能找出盖住大半露出一点的东西（12分） B. 能找出露出一半的东西（10分） C. 能找出露出大半的东西（6分） D. 只用眼睛看，但手不去拿（2分）	10分为合格
3	按吩咐把玩具给爸爸、妈妈、奶奶等	A. 3人（15分） B. 2人（10分） C. 1人（5分） D. 不会（0分）	10分为合格
4	弄响玩具	A. 捏响（12分） B. 摇响（10分） C. 踢响（9分） D. 不响（0分）	10分为合格

序号	测试题	选项	得分
5	做动作表示语言"再见""谢谢""您好"	A.3 种（14 分） B.2 种（12 分） C.1 种（10 分） D. 不会（0 分）	10 分为合格
6	看到亲人	A. 展开双手要人抱（12 分） B. 大声呼叫（10 分） C. 手脚乱动着急（4 分） D. 无表示（0 分）	10 分为合格
7	排便前	A. 出声表示（10 分） B. 动作表示（8 分） C. 学会坐盆（2 分） D. 不表示（0 分）	10 分为合格
8	学坐	A. 可独坐（12 分） B. 可扶坐（10 分） C. 扶坐头不稳定（0 分）	10 分为合格
9	手腹匍行	A. 用手巾吊起宝宝腹部可用手膝爬行（14分）（父母在旁协助，注意安全性） B. 手腹向后匍行（12 分） C. 打转不匍行（10 分）	10 分为合格
10	俯卧时	A. 自己坐起来（10 分） B. 扶物翻至仰卧再扶物坐起（8 分） C. 要成人扶住坐起（6 分）	10 分为合格

测试分析

　　总分在100分以上为优秀，90～100分为正常，70分以下为暂时落后。如果哪一道题在合格以下，可先复习上月相应的试题或练习该组的全部试题，通过后再练习本阶段的题。哪一道题在合格以上，可练习下阶段同组的试题，使优势更加明显。

建议喂养方案

这个时期宝宝主要需要的营养

7个月宝宝的主要营养来源还是母乳或是配方奶，同时添加辅食。宝宝长到7个月，不仅对母乳或配方奶以外的其他食物有了自然的需求，而且对食物口味的要求与以往也有所不同，开始对咸的食物感兴趣。

这个时期的宝宝仍需母乳喂养，因此，妈妈必须注意多吃含铁丰富的食物。对有腹泻的宝宝，及时控制腹泻也极为重要。

如何喂养本月宝宝

宝宝到了这个阶段，可以给宝宝喂烂粥或烂面条这样的辅食，不要拘泥于一定的量，要满足宝宝自己的食量。但从营养价值来讲，米粥是不如配方奶的，而且过多吃米粥还会使宝宝脂肪堆积，对宝宝是不利的。

为了使宝宝健康成长，还要加一些蛋黄等。对于从上个月就开始实行换乳的宝宝，这个月的食量也开始增大，若宝宝的体重平均10天增加100～120克，就说明换乳进行得比较顺利。

宝宝偏食怎么办

　　一般宝宝会在这个月出现偏食现象，对于他爱吃的食物会大口大口地吃，对于他不爱吃的食物，会用舌头顶出来，对食物的好恶感很明显。

　　一些妈妈很担心，宝宝这么小就偏食，长大了可怎么办？于是，妈妈就想方设法哄宝宝吃下他不喜欢吃的食物，最后弄得宝宝哇哇大哭。其实，妈妈不用过于担心，这种宝宝期的偏食和我们平时所说的偏食不一样，这一时期出现的这种偏食只是宝宝一种天真的反应，而且很多宝宝在这个月都会出现这种偏食现象，不过，情况很快会有好转，同一种食物，今天他不喜欢吃，过几天就会喜欢吃了。

　　为了避免宝宝偏食，妈妈可变换花样做同一种食材。宝宝不喜欢吃青菜泥，妈妈可以把菜泥放在米粉里喂宝宝吃。

影响宝宝智力的食物

　　以下食物宝宝如果吃多了，会影响大脑的发育。

含过氧脂质的食物

　　过氧脂质对人体有害，如果长期从饮食中摄入过氧化脂并在体内积聚，可使人体内某些代谢酶系统遭受损伤，如熏鱼、烤鸭、烧鹅等。

过咸的食物

　　人体对食盐的生理需要极低，大人每天摄入 6 克以下，儿童每天摄入 3 克以下，习惯吃过咸食物的人，不仅会引起高血压、动脉硬化等症，还会导致智力迟钝、记忆力下降。目前本月龄宝宝不建议额外添加盐。

教妈妈学做辅食

★ 香蕉泥 ★

材料

熟透的香蕉 1 根，柠檬汁少许。

做法

1. 将香蕉剥皮。

2. 把香蕉切成小块，放入搅拌机中，滴几滴柠檬汁，搅成均匀的香蕉泥，倒入小碗内即可。

★ 马铃薯泥 ★

材料

马铃薯 1/4 个，清水 30 毫升。

做法

1. 将马铃薯煮软后去皮。

2. 用匙将马铃薯碾成细泥后加清水拌匀即可。

日常护理指南

生活环境

宝宝的房间一定要选朝阳的，但此时期的宝宝视网膜没有发育完善，因此要使用床幔来阻挡阳光，避免宝宝眼睛受到强光的刺激。房间灯光一定要实现全面照明度，强调有光无源，一般可采取整体与局部两种方式共同实现。房间里不能有一盏光线特别强的灯，可用光槽加磨砂吸顶灯，也可用几盏壁灯共同照明。

房间最好紧临父母的卧室，在格局上，让父母的卧室和宝宝房成为套房关系，相连的墙用柜子或帘子隔开，方便随时照看。

面积不宜过大，因为宝宝对空间的尺度感很小，房间面积不宜超过 20 平方米，但最好不要低于 10 平方米。

要高度注意
宝宝的安全

有很多家长看到宝宝只会爬行，就认为宝宝不会发生什么危险，所以，当宝宝在地上玩时，家长就极有可能粗心大意——将宝宝放在地上，自己去做其他的事情。可以说，这是宝宝发生危险的最主要原因。

为了宝宝的安全，家长不能让宝宝离开自己的视线。最好将家中一切潜藏的危险都清除掉。

1	必须将地上的东西清理干净，以免宝宝捡起放到嘴里
2	厨房的门一定要关好，以防止宝宝弄倒垃圾筒而误食了脏东西
3	要将家里的暖水瓶放在宝宝碰不到的地方，以防止宝宝被烫伤
4	筷子、笔等杆状的东西一定不要让宝宝拿到，以防止发生危险

家庭医生

宝宝的皮肤护理

每天用温水给宝宝洗澡，以保持皮肤清洁，水温保持在38~40℃。已经长出痱子后，就不要再给宝宝使用痱子粉了，否则会阻塞毛孔，加重病症。注意为宝宝选择婴幼儿专用的洗护用品，不要使用成人洗护用品。

宝宝身体一旦出现大面积痱毒或脓痱，应及时到医院治疗。可让宝宝吃一些清凉解暑的食物，如绿豆汤、绿豆百合粥等。

预防宝宝长痱子	
1	保持通风凉爽，避免过热，遇到气温过高的日子，可适当使用空调降温
2	如果宝宝玩得大汗淋漓，应及时给宝宝擦干汗水，保持皮肤清洁干燥
3	宝宝睡觉宜穿轻薄透气的睡衣，不要脱得光光的，以免皮肤直接受到刺激
4	外出时，要使用遮阳帽、婴幼儿专用防晒霜
5	在洗澡水中加入防痱水等预防痱子

便秘的
预防与护理

宝宝便秘的表现

排便的次数少，有的宝宝 3 ~ 4 天才排 1 次大便，并且粪便坚硬，排便困难，排便时疼痛或不适，引起宝宝哭闹。

形成便秘的原因

人工喂养的宝宝容易出现便秘，这是由于牛奶中的酪蛋白含量多，可使大便干燥。另外，由于食物摄入的不适合，造成食物中含纤维素少，引起消化后残渣少，粪便减少，不能对肠道形成足够的排便刺激，也可形成便秘；还有的宝宝没有养成定时排便的习惯，也可能发生便秘。

避免便秘的方法

1. 帮助宝宝形成定时排便的习惯。

2. 用白萝卜片煮水给宝宝喝，有理气、消食、通便的效果。

3. 给宝宝喂新鲜果汁水、蔬菜水和苹果泥、火龙果泥等维生素含量高的辅食。

4. 辅食中增加富含膳食纤维和纤维素的食品以增加粪便体积，软化大便。

5. 每天 2 次，以肚脐为中心顺时针按摩 5 分钟，促进肠道蠕动。

宝宝智力加油站

耐心地训练 宝宝学爬行

在宝宝5～6个月时，宝宝就会为爬行做准备了，他会趴在床上，以腹部为中心，向左右挪动身体打转转，渐渐地他会匍匐爬行。到了7～8个月，就可以引导宝宝爬了。在真正会爬时，宝宝是用手和膝盖爬行，胸腹部离开床面。

爬对宝宝来说是一项非常有益的动作，既能锻炼全身肌肉的力量和协调能力，又能增强小脑的平衡感，对宝宝日后学习语言和阅读有良好的影响。

宝宝学爬行的3个阶段

刚开始宝宝学爬有3种方式：有的宝宝学爬时向后倒着爬；有的宝宝则原地打转，只爬不前进；还有的是在学爬时匍匐向前，不知道用四肢撑起身体。这都是宝宝爬的一个过程。

宝宝爬行训练方法

在教宝宝学爬时，爸爸妈妈可以一个人拉着宝宝的双手，另一个人推起宝宝的双脚，拉左手的时候推右脚，拉右手的时候推左脚，让宝宝的四肢被动协调起来。这样引导一段时间，等宝宝的四肢协调得非常好以后，他就可以独立爬行了。在爬行的练习中，让宝宝的腹部着地也可以训练他的触觉。触觉不好的宝宝会出现怕生、黏人的症状。

双手交替
玩玩具

爸爸妈妈可以将有柄带响的玩具让宝宝握住，然后自己手把手摇动玩具，宝宝自己也学会摇动玩具；接下来，再给宝宝两个玩具，让宝宝一手一个玩具，或是摇动或是撞击敲打出声；在给宝宝一手拿一个玩具后，再在宝宝身旁放两件玩具，让宝宝双手交换玩具，并教他自己取玩具。

要注意7个月的宝宝喜欢用拇指、食指捏小物品，还喜欢将小物品放进嘴里或耳洞里。因此，爸爸妈妈应多陪伴在宝宝身旁，避免他吞食小物品或将小物品塞入身体的孔、穴中。

训练宝宝手部灵活能力时的注意事项	
1	爸爸妈妈对宝宝的玩具要经常洗刷，保持干净，以免因不卫生而引起肠道疾病
2	为宝宝买软、硬度不同的玩具，让宝宝通过抓握和捏各种玩具，体会不同质地物品的手感，让他的探索活动顺利发展
3	不要给宝宝买危险的玩具，如上漆的积木、有尖锐角或锐利边的玩具汽车等
4	宝宝玩具不应过小，直径应大于2厘米（需在成人陪伴下使用）

宝宝视、听觉发展与训练

7个月的宝宝，视觉发育的范围会越来越广，听觉发育也越来越灵敏，这时爸爸妈妈务必要做好对宝宝视、听能力的培养与训练。

宝宝的视觉、听觉与语言是同时发展的。宝宝从听大人的语音到学会分辨，再发出与听到的声音相似的语音，同时以听觉、视觉来认识外界所发生的各种现象，再把现象和语音联系起来，才得以学会使用语言。因此，培养宝宝的视觉、听觉能力还需要从多沟通、多交流开始。

听音乐和儿歌

在上一个月训练的基础上，爸爸妈妈可以继续播放一些儿童乐曲，以提高宝宝对音乐歌曲的语言理解能力。通过训练听觉，培养注意力和愉快情绪，也有利于语言的发展。

扩大视觉范围

随着宝宝坐、爬动作的发展，行动大大开阔了他的视野，他能灵活地转动上半身，上下左右地环视，注视环境中一切感兴趣的事物。

训练宝宝喝水

对宝宝来说，从出生起无论是母乳喂养还是人工喂养，都应该额外喂一点温开水。当训练宝宝自己喝水时，不妨从训练他学会自己用奶瓶作为第一步。等宝宝熟练了用奶瓶喝水后，接下来就可以训练他用吸管以及杯子喝水了。

训练宝宝用杯子喝水

在教宝宝用杯子喝水时，要先给宝宝准备带吸嘴且有两个手柄的练习杯，这样不但易于抓握，还能满足宝宝半吸半喝的饮水方式。在宝宝练习用杯子喝水时，爸爸妈妈要用赞许的语言给予鼓励，比如："宝宝真棒！"这样能增强宝宝的自信心。

训练宝宝用奶瓶喝水

在让宝宝学用奶瓶喝水时，先是妈妈手持奶瓶，并让宝宝试着用手扶着，再逐渐放手。如果担心太重的话，可以用小的奶瓶或只装少量的水。开始的几次，妈妈一定要在旁边守护着宝宝，万一宝宝手无力让奶瓶掉落，妈妈应及时扶住。

玩一玩：镜子哈哈笑

目 的	宝宝常常照镜子表情会变得越来越丰富，从而为将来认识五官打基础
适合年龄	7个月
练习次数	1天1次，每次5分钟

1. 将宝宝抱到镜子前，让他对着镜子里面的人笑，并用手去摸摸镜子里面的自己；看到镜子里面的人装模作样，他就会把手伸到镜子的后面，寻找躲在镜子里面的人。

2. 在镜子前面宝宝往往会变得活跃，会对着镜子里的人蹦跳。从镜中会看到妈妈进来或者爸爸进来，宝宝有时会将头伸向镜子，头碰到镜子之后就会哈哈大笑，或者大声叫喊。

> **❀小贴士**
>
> 早教老师的游戏点评
>
> 经常让宝宝在镜子前面活动，让宝宝利用镜子探索新鲜的事物，做出各种各样的表情。

7～8个月的宝宝

☆☆☆
体格发育监测标准

类别	男宝宝	女宝宝
身　高	62.7～77.4 厘米，平均为 70.1 厘米	61.3～75.6 厘米，平均为 68.5 厘米
体　重	6.46～12.6 千克，平均为 9.53 千克	6.13～11.8 千克，平均为 8.965 千克
头　围	42.5～47.7 厘米，平均为 45.1 厘米	42.3～46.7 厘米，平均为 44.5 厘米
胸　围	41.0～49.4 厘米，平均为 45.2 厘米	40.1～48.1 厘米，平均为 44.1 厘米

• 爱的寄语 •

• 成长记事本 •

• 宝宝趣事 •

宝宝智能发育记录

大动作发育	1. 开始时需要用手撑扶着坐立，在将满 8 个月的时候，背部扩展挺直，可以独自坐立并抓着玩具玩耍了，能够独自由坐立的姿势变换成趴着的姿势 2. 这个月龄的宝宝不会匍行的也有很多，每个宝宝发育的时间都不同
精细动作发育	1. 这个月龄的宝宝手指的活动能力进一步增强，会把纸揉成一团，会捏取体积小的物体 2. 这时宝宝的手如果攥住什么，则不会轻易放手，妈妈抱着他时，他就攥住妈妈的头发、衣带
视觉发育	这个月龄的宝宝除睡觉以外，最常出现的行为就是一会儿探望这个物体，一会儿又探望那个物体，好奇心特别强
听觉发育	1. 这个月龄的宝宝对于话语以及语气非常感兴趣，由于宝宝现在日渐变得通达人情，所以，你会觉得他越来越招人喜欢 2. 当宝宝首次了解话语的时候，他在这段时间内的行为会顺从。慢慢地，你叫他的名字他就会有所反应；你要他给你一个飞吻，他会遵照你的要求表演一次飞吻；你叫他不要做某件事情或把东西拿回去，他都会照你的吩咐去办
语言能力发育	这个月龄的宝宝能听懂妈妈的简单语言，他能够把语言与物品联系起来，妈妈可以教他认识更多的事物
作息时间安排	这个月龄的宝宝对周围的环境非常感兴趣，每天和人交流的时间增多。要培养宝宝有规律的生活，父母首先要建立生活的规律
大小便训练	宝宝对大小便还没有形成概念，随时会排便，不要着急，也不要责怪宝宝
睡眠原则	宝宝睡眠时间和踏实程度有了更明显的个体差异。大部分宝宝在这个月里，白天只睡 2 次，每次 1 ~ 2 个小时。每日睡眠时间为 14 个小时左右

注：以上属于该月龄宝宝的普遍发育水平，所以若在该月龄范围内未达标，建议加强锻炼。

建议喂养方案

这个时期宝宝主要需要的营养

宝宝到了 8 个月，妈妈的母乳量开始减少，母乳营养不能满足快速发育的宝宝，所以，必须给宝宝增加辅食，以满足其生长发育的需要。母乳喂养的宝宝在每天喂 4 次母乳或 750 毫升配方奶的同时，还要上午和下午各添加一顿辅食。

如何喂养本月宝宝

宝宝对食物的喜好在这一时期就可以体现出来，所以，妈妈可以根据宝宝的喜好来安排食谱。比如喜欢吃粥的宝宝和不喜欢吃粥的宝宝在吃粥的量上就会有所差别，所以，要根据个体差异制作辅食。不论辅食如何变化，都要保证膳食的结构和比例要均衡。

❀ 小贴士

让宝宝体会不同食物的味道

此时期的宝宝与饮食相关的个性已经表现出来，所以，煮粥时不要大杂烩，应一样一样地制作，让宝宝体会不同食物的味道。同时也要补充菜泥、碎米、浓缩鱼肝油等营养丰富的食物。另外，肝泥、肉泥、牛肉汤、鸡汤等食物营养也很丰富。如果宝宝已经长牙，可喂食磨牙饼干等。

宝宝长牙需哪些营养素

多补充磷和钙

这个阶段是宝宝长牙的时期，无机盐钙、磷此时显得尤为重要，有了这些营养素，小乳牙才会长大，并且坚硬度好。多食用虾仁、海带、紫菜、蛋黄粉、乳制品等食物可使宝宝大量补充无机盐钙。而多给宝宝食用肉、鱼、奶、豆类、谷类以及蔬菜等食物就可以很好地补充无机盐磷。

补充适量的氟

适量的氟可以增加乳牙的坚硬度，使乳牙不受腐蚀，不易发生龋齿。

海鱼中含有大量的氟元素，可以给宝宝适量补充海鱼。

补充适量的蛋白质

如果要想使宝宝牙齿整齐、牙周健康，就要给宝宝补充适量的蛋白质。蛋白质是细胞的主要组成成分，如果蛋白质摄入不足，会造成牙齿排列不齐，牙齿萌出时间延迟及牙周组织病变等现象，而且容易导致龋齿的发生。所以，适当地补充蛋白质就显得尤为重要。

各种动物性食物、乳制品中所含的蛋白质属优质蛋白质。植物性食物中以豆类所含的蛋白质量较多。这些食物中所含的蛋白质对牙齿的形成、发育、钙化、萌出起着重要的作用。

维生素也是好帮手

维生素 A	能维持全身上皮细胞的完整性，缺少维生素 A 就会使上皮细胞过度角化，导致宝宝出牙延迟
维生素 C	缺乏维生素 C 可造成牙齿发育不良、牙骨萎缩、牙龈容易水肿出血，可以通过给宝宝食用新鲜的水果，如橘子、柚子、猕猴桃、新鲜大枣等，能补充牙釉质的形成所需要的维生素 C
维生素 D	维生素 D 可以增加肠道内钙、磷的吸收，一旦缺乏这两种元素就会出牙延迟，牙齿小且牙距间隙大。可以通过给宝宝食用维生素 D_3 或直接给宝宝晒太阳来获得维生素 D

教妈妈学做辅食

★ 玉米片奶粥 ★

材料

无糖玉米片 4 大匙，配方奶 100 毫升。

做法

1. 将配方奶倒入锅中加热至温热。

2. 将无糖玉米片放入小塑料袋中捏成小碎片，再倒入大碗中。

3. 倒入温热的调好的配方奶拌匀即可喂食。

★ 豌豆土豆泥 ★

材料

土豆、熟蛋黄各 1/2 个，豌豆 20 克，配方奶适量。

做法

1. 将熟鸡蛋黄放入碗中，磨成泥状。

2. 将土豆煮熟后去皮研成泥状，放入滤网中过滤。

3. 豌豆洗净煮熟后把外皮去掉，趁热研磨成泥。

4. 向土豆泥中加入豌豆泥、蛋黄和配方奶混合，搅拌均匀，放火上稍微加热即可。

★ 鱼肉泥 ★

材料

鱼肉 50 克。

做法

1. 将鲜鱼洗净，去鳞、去内脏。

2. 将去除大刺的鱼肉切成小块后放入水中一起煮。

3. 将鱼去皮、小刺，研碎，用汤匙挤压成泥状，还可将鱼泥加入稀粥中一起喂食。

★ 菠菜蛋黄粥 ★

材料

菠菜 3 根，熟蛋黄 1 个，软饭 1/2 碗，汤汁适量。

做法

1. 将新鲜菠菜洗净，用开水烫后切成小段，放入锅中，加少量清水熬煮成糊状备用。

2. 把蛋黄和汤汁放在一起搅拌均匀后用滤勺过滤。

3. 把搅拌好的熟蛋黄、汤汁和软米饭放入锅里用大火煮。

4. 当水沸时调小火，加入菠菜糊边搅边煮，一直到米饭煮烂为止。

日常护理指南

不要让宝宝的活动量过大

通常，喜欢动的宝宝只要是醒着，就基本上不会闲着，而且在不闲着的情况下仿佛也不知道累。只要宝宝不哭，家长往往会忽视其他的问题。此外，有些家长为了使宝宝尽快学会走路，常常长时间地扶着宝宝让其练习走路，还认定这对宝宝的成长有好处。

但是实际上，宝宝的活动量过大不仅无法达到既定的目的，反而还会给宝宝的成长带来不利影响。因为本阶段的宝宝关节软骨还太软，活动量过大极有可能致使关节韧带受伤，进而导致宝宝患上创伤性关节炎。

让宝宝拥有良好的情绪

在日常生活中，不论是对妈妈而言，还是对宝宝而言，有一个良好的情绪至关重要。妈妈拥有良好的情绪，会对宝宝更加爱护，给予宝宝更多的爱；而宝宝拥有良好的情绪，则会更加热情地探索对自己而言完全未知的世界，并从这一过程中收获乐趣，收获信心，从而形成一个良好的发展方向。更为关键的是，宝宝拥有良好的情绪，过得开心快乐，家长也会跟着开心快乐。无疑，这样的家庭氛围对宝宝的成长是绝对有利的。

为宝宝创造安全自由的空间

在本阶段，随着宝宝的成长，好奇心也在逐步提升，活动的能力也在逐步增强，同时宝宝的独立意识也逐渐提升。对于家长的关心或帮助，宝宝有时会表现出抵触情绪。也就是说，宝宝自此开始已经不再完全依赖家长了，而有些宝宝甚至喜欢一个人爬上爬下，如爬椅子、沙发等。

可以说，这种表现一方面让家长很欢喜，另一方面又让家长很担忧。喜的是宝宝已经能够自由独立地活动了，忧的是在活动的过程中存在着很多的安全隐患，威胁着宝宝的安全。

在这种情况下，一个自由而又相对安全的空间对宝宝和家长来说是非常重要的。这就要求家长在放手给宝宝自由的时候，要为宝宝创建一个安全的活动空间。如此，宝宝才能玩得快乐，家长才能放心。

家庭医生

急性肠炎的
预防和护理

　　患急性肠炎的宝宝通常会出现腹泻，每天排便 10 次左右，大便为黄色或黄绿色，含有没消化的食物残渣，有时呈"蛋花汤样"。

1	不必禁食，只要宝宝有食欲就可鼓励其进食，但尽量选择易消化且有营养的食物，如米汤、藕粉、稀粥、面汤等
2	鼓励宝宝多喝水，防止出现脱水现象，一旦病情严重，并伴有脱水现象，应及时带宝宝去医院就诊
3	注意患病宝宝的腹部保暖，因为腹泻使宝宝的肠蠕动本已增快，腹部受凉则会加速肠蠕动，导致腹泻加重
4	患病宝宝的用品及玩具要及时洗净并进行消毒处理，以免反复感染

不要给宝宝
掏耳朵

有的家长常常拿掏耳勺或小棉签给宝宝掏耳朵，其实这样做有很多害处，而且也是很危险的。人的外耳道皮肤具有耵聍腺，它可以分泌一种淡黄色、黏稠的物质，称为耵聍，俗称"耳屎"或"耳蝉"，具有保护外耳道皮肤和黏附外来物质的作用。

经常给宝宝掏耳朵还容易使外耳道皮肤角质层肿胀、阻塞毛囊，促使细菌滋生。外耳道皮肤被破坏，长期慢性充血，反而容易刺激耵聍腺分泌，"耳屎"会越来越多。

❋小贴士

给宝宝掏耳朵须谨慎

鼓膜是一层非常薄的膜，厚度仅0.1毫米左右，比纸张厚不了多少。如果掏耳朵时宝宝乱动，稍不注意掏耳勺就会伤及鼓膜或听小骨，造成鼓膜穿孔，影响宝宝的听力。

观察宝宝说话
是否"大舌头"

虽然在此阶段大部分宝宝说话都不是很清楚，但是家长也必须注意，说话不清并非属于大部分宝宝的范畴，而是由于舌系带太短所致。如果属于这种情况，家长就要带宝宝到医院做相关检查并进行治疗。

舌尖下的那一条极薄的、纵横的黏膜即是舌系带。若舌系带太短，舌头的伸展必定会受到限制，宝宝伸舌头时舌头前端是"M"形而不是正常的尖圆形状，舌尖往上翘时也比较困难，发音和吐字就会不清楚。所以，家长要留心听宝宝说话，以免宝宝是"大舌头"而错过最佳治疗时期。

宝宝智力加油站

爬出一个健康的宝宝

宝宝成长到 8 个月时，每天都应该做爬行锻炼。爬行对宝宝来说并不是轻而易举的事情，对于有些不爱活动的宝宝更要努力训练。

先练用手和膝盖爬行

为了拿到玩具，宝宝很可能会使出全身的劲向前匍匐地爬。开始时可能并不一定前进，反而后退了。这时，爸爸妈妈要及时地用双手顶住宝宝的双腿，使宝宝得到支持力而往前爬行，这样慢慢宝宝就学会了用手和膝盖往前爬。

再练用手和脚爬行

等宝宝学会了用手和膝盖爬行后，可以让宝宝趴在床上，用双手抱住宝宝的腰，把小屁股抬高，使得两个小膝盖离开床面，小腿蹬直，两条小胳膊支撑着，轻轻用力把宝宝的身体向前后晃动几十秒，然后放下来。每天练习 3 ~ 4 次为宜，这个练习会大大提高宝宝手臂和腿的支撑力。

当支撑力增强后，妈妈用双手抱宝宝腰时稍用些力，促使宝宝往前爬。一段时间后，可根据情况试着松开手，用玩具逗引宝宝往前爬，并同时用"快爬！快爬！"的语言鼓励宝宝，逐渐宝宝就完全会爬了。

宝宝认知与社交能力训练

8个月是宝宝认知的分水岭。这时的宝宝已经有对物体永存的认知，并且已经拥有自我抑制力、抓取能力及良好的记忆能力，因此，这个年龄段应多培养宝宝的认知能力。

感知训练

训练宝宝的感知能力，爸爸妈妈可以给宝宝一些抚摸、亲吻，再配合儿歌或音乐的拍子，握着宝宝的手，教他拍手，按音乐节奏，模仿小鸟飞，活动身体；还可以让宝宝闻闻香皂、牙膏，培养嗅味感知能力。

听话认知小训练

爸爸妈妈可以故意将宝宝戴着的帽子取下，并有意识地说"把帽子取下来"，然后将宝宝抱到挂放帽子的地方，再有意识地向宝宝发问："你的帽子呢？"接着就让宝宝指点。

通过这个训练能初步培养宝宝听懂大人说话的意思，并认识常见物品。

模仿认知训练

爸爸妈妈要经常观察宝宝是否注视自己的行动，开始时应给予引导，从中让宝宝了解和模仿大人的行为活动。

玩一玩：下雨游戏

目　的　通过这个游戏，加强了宝宝对因果关系的认识，知道"雨滴"是如何产生的

适合年龄　8个月

练习次数　1天1次，每次5分钟

1. 这个游戏开始前，妈妈需要准备一个空的带盖的小塑料食品容器，例如饮料瓶。

2. 妈妈在容器盖上用剪刀戳一些小孔。在宝宝洗澡的时候，妈妈将容器盛满水，将盖子拧紧，然后教宝宝如何将装水的瓶子翻转过来洒水。宝宝可使用这个玩具给橡胶小鸭子或娃娃等玩具洗澡，也可以给自己洗澡，还可以玩"下雨"游戏，"雨滴"落在水面的时候，妈妈可以指给宝宝看产生的圈圈涟漪。

8～9个月的宝宝

体格发育监测标准

类别	男宝宝	女宝宝
身高	63.9～78.9 厘米，平均为 71.4 厘米	62.5～77.3 厘米，平均为 69.9 厘米
体重	6.67～12.99 千克，平均为 9.83 千克	6.34～12.18 千克，平均为 9.26 千克
头围	42.8～48.0 厘米，平均为 45.3 厘米	42.4～46.9 厘米，平均为 44.5 厘米
胸围	41.4～49.6 厘米，平均为 45.5 厘米	40.3～48.2 厘米，平均为 43.6 厘米

· 爱的寄语 ·

· 成长记事本 ·

· 宝宝趣事 ·

宝宝智能发育记录

大动作发育	这个月龄的宝宝不仅会独坐，而且能从坐位躺下，扶着床栏杆站立，并能由立位坐下，俯卧时用手和膝趴着挺起身来
精细动作发育	这个月龄的宝宝可以用拇指和食指抓住小物体，有目的地将手中的东西扔向地面
视觉发育	这个时期，父母要注意宝宝看人视物的表现，通过对眼睛的观察及早发现问题
听觉发育	这个月龄的宝宝喜欢双手拿东西敲打出声，能听懂日常指令。有的宝宝对陌生人及其声音害怕
语言能力发育	这个月龄的宝宝能模仿父母发出单音节词，有的宝宝发音早，已经能够发出双音节"ma-ma""ba-ba"了
作息时间安排	这个月龄的宝宝可以开始有规律地做体操，促进他运动能力的发展，更能保证睡眠质量
大小便训练	1. 基本上宝宝每天都能够按时排大便，形成了一定的规律，每天定时给宝宝把大便，成功的机会也多起来。有的宝宝已经可以不用尿布了 2. 宝宝患秋季腹泻时，妈妈要及时给他补充水和电解质 3. 宝宝此时还不会说话，不能表达自己的需求，还要靠父母多观察，掌握宝宝的规律，比如有的宝宝在排尿前会打个哆嗦
睡眠原则	这个月龄的宝宝每天需要睡14个小时左右，白天睡1～2次，每次1～2小时，夜间睡10个小时左右。夜间如果尿布湿了，但宝宝睡得很香，可以不马上更换。如果宝宝患上尿布疹或屁股已经淹红了，要随时更换纸尿裤。如果宝宝大便了，也要立即换纸尿裤

注：以上属于该月龄宝宝的普遍发育水平，所以若在该月龄范围内未达标，建议加强锻炼。

小测试

序号	测试题	选项	得分
1	认识新的身体部位	A. 认识大拇指和小拇指（或者两处新部位）（10 分） B. 认识大拇指（或者 1 个新的部位）（5 分） C. 认识手指，如食指（或另一个新的身体部位）（5 分） D. 不认识新部位（0 分）	10 分为合格
2	拉绳取物	A. 拉绳取环或取到玩具（12 分） B. 直接去够取环或玩具（10 分） C. 无目的地乱抓（2 分）	10 分为合格
3	捏取葡萄干或爆米花	A. 食指及拇指捏取（10 分） B. 大把抓（5 分） C. 用手掌拨弄（3 分） D. 不理会不抓取（0 分）	10 分为合格
4	1 分钟之内把小球放入瓶中	A.4 个（12 分） B.3 个（10 分） C.2 个（6 分） D.1 个（3 分）	10 分为合格

序号	测试题	选项	得分
5	用姿势表示语言，如再见、谢谢、您好、握手、鼓掌、碰头、亲亲、虫虫飞、挤眼睛、呵嘴等	A.7种（15分） B.5种（12分） C.3种（10分） D.2种（6分） E.1种（3分）	10分为合格
6	喜欢小朋友，同人打招呼：招手、点头、笑、摇身体、跺脚、尖叫等	A.3种（12分） B.2种（10分） C.1种（6分） D.不理（0分）	10分为合格
7	穿衣	A.自己会把手臂伸入双侧的袖内（14分） B.自己会伸入一侧（12分） C.成人拿手臂放入袖内（10分）	10分为合格
8	爬行	A.手足快爬（14分） B.手膝慢爬（12分） C.腹部靠床匍行（10分） D.俯卧打转（6分）	10分为合格
9	扶站时	A.能蹲下捡物（10分） B.蹲下但捡不着（8分） C.不敢蹲下（3分）	10分为合格

测试分析

　　总分在100分以上为优秀，90~100分为正常，70分以下为暂时落后。哪一道题在合格以下，可先复习上一阶段相应的试题及复习该能力组全部试题，再学习本月龄组在合格以下的试题。哪一道题在合格以上，可跨过本阶段的试题，向下个阶段该能力组的试题进一步练习。

建议喂养方案

这个时期宝宝主要需要的营养

9个月为宝宝补充营养是十分重要的。宝宝此时期的生长十分迅速，需要全面均衡的营养。不同月龄的宝宝，营养成分的配比也会发生变化。营养成分一定要充足，以适应生长发育的需要。

母乳是一直被推崇的最经济、最佳的食物，宝宝到了9个月，如果母乳充足，可以采用母乳加辅食的喂养方式，若母乳不足，可考虑添加配方奶。

如何喂养本月宝宝

原则上提倡喂母乳12个月以上，但由于宝宝个体差异的原因，并不是每个妈妈都可以做到。如果宝宝在这一阶段完成断奶，在营养方面，妈妈可以以各种方式给宝宝食用代乳食品。

一般来讲，这一时期宝宝的饮食为：每天3～4次配方奶，分别在早7时、下午2时和晚上9时和夜间（尽量断夜奶）每次约为250毫升。另外要加两次辅食，可安排在上午11时和下午6时，辅食的内容力求多样化，使宝宝对吃东西产生兴趣且营养均衡。在这期间还可以安排宝宝吃些水果或果泥。在食物的搭配上要注意无机盐和微量元素的补充。

教妈妈学做辅食

★ 鱼肉青菜粥 ★

材料

大米 2 小匙，鱼肉末、青菜各适量。

做法

1. 将大米淘洗干净，开水浸泡 1 小时，研磨成末，放入锅内，添水大火煮开，改小火熬至黏稠。

2. 将青菜洗净用水焯一下，挤干水分，切成碎末备用。

3. 粥快熟时，加入鱼肉末煮几分钟，最后加入青菜末，2～3 分钟后即可出锅。

★ 番茄碎面条 ★

材料

番茄 1/4 个，儿童面条 10 克，蔬菜汤适量。

做法

1. 在儿童面条中加入 2 大匙蔬菜汤，放入微波炉加热 1 分钟。

2. 将番茄去籽切碎，放入微波炉加热 10 秒钟。

3. 将加热过的番茄和蔬菜汤面条倒在一起搅拌即可。

日常护理指南

排便护理

这个月龄的宝宝已经能吃很多辅食了，所以宝宝的大便会有臭味，颜色也更深了。有的宝宝每天排便一两次，有的宝宝两天排便一次。

这个时期的宝宝小便次数虽然减少了，但还未具备成熟的排泄系统，所以不建议训练排尿排便。

睡眠护理

这个月龄的宝宝大多会睡午觉，睡午觉的时间并不相同，大多数宝宝会睡一两个小时，当然也有一刻也不睡的宝宝，这样的宝宝多为好动的宝宝，即使睡觉也会睡得很短。在睡眠时间上，一般宝宝会晚上9点左右睡，早上7～8点起来。

这个时期的宝宝已经没有被妈妈的乳房压迫导致窒息的危险了，所以是可以母婴同睡的，尤其是在寒冷的冬季，母婴同睡可以更方便地照顾宝宝，使宝宝可以很快地入睡，只是宝宝晚上若经常起来玩，会影响父母第二天的工作。

家庭医生

不能自取鼻腔异物

宝宝学会爬行后，家长要把宝宝可以拿到的、危险的东西，如玻璃球、纽扣、吃完水果的果核、别针、花生等物品放到宝宝不易拿到的地方。并教育宝宝不要将异物塞入鼻内，不让宝宝到昆虫多的地方玩耍，吃饭时不要说话，更不要逗宝宝大笑。

如果发现宝宝鼻腔有异物，家长应立即将宝宝送往医院治疗。不要自行去取鼻腔异物，尤其不要用镊子夹取。因为有些圆滑的异物如果夹取不住滑脱，容易使异物深入鼻腔后端，甚至滑入鼻咽或气管内，进而造成气管异物。

不可盲目为长牙晚的宝宝补钙

正常情况下，宝宝出生之后 6～7 个月就开始长牙，有些妈妈看到自己的宝宝到本阶段还不长牙就十分着急，并片面地认定是宝宝缺钙而导致的。于是妈妈就会急切且盲目地为宝宝补充钙和鱼肝油。殊不知，只凭宝宝的长牙早晚并不能确定宝宝缺钙与否，而且就算宝宝真的缺钙，也要在医生的指导下给宝宝补充钙质。一旦给宝宝服用过量的鱼肝油和钙质，就极有可能引发维生素中毒，使宝宝的身体受到损害。

宝宝长牙的早或晚通常由多方面的因素导致，虽然也与缺钙有关，但缺钙并不是主要原因。只要宝宝身体各方面都很健康，那么哪怕宝宝到 1 岁的时候才开始长牙，家长也无须担心，只要保证宝宝日常需要的营养就可以了，绝不可盲目地为宝宝补充过量的鱼肝油和钙。

宝宝智力加油站

☆ ☆ ☆

宝宝"识五官"及认知能力

9个月的宝宝认知能力已经很强，宝宝开始有物体永存的概念，能找出在他眼前刚被隐藏的或部分被遮盖的玩具，并开始认识自己的身体部位，尤其是对自己的"五官"能非常清晰地记住，因此，这时爸爸妈妈应着重培养宝宝的认知能力。

宝宝指认五官训练

宝宝9个月时，已经能够认识自己的身体部位，并且对自己的五官——眼睛、耳朵、鼻子、嘴巴等认识得很清楚，并且能够指出来，这说明宝宝的认知能力已经攀上了一个新台阶，爸爸妈妈应多注意培养。

镜子里的小手、小脚

妈妈用手摇摆宝宝的小手、小脚，并用手挠挠宝宝的手心和脚心，以引导宝宝去注意自己的小手和小脚。

手指小儿歌

妈妈先打开宝宝的手掌，一边依次轻轻按下拇指、食指、中指……一边要念儿歌："大拇哥，二拇哥，三中娘，四小弟，五小妞妞爱看戏。"

教宝宝认识自己的手、脚，能引导宝宝注意自己的四肢，发展自我意识；通过念儿歌还可以给予宝宝语言刺激，还能增加亲子之间的情感交流。

培养宝宝的
社交能力

通常，9个月的宝宝对陌生的成人普遍有怯生、不敢接近的现象，但他们较易接受与自己同龄的陌生小伙伴。

拓展宝宝社交范围

培养宝宝的交往能力，拓展宝宝的交往范围，有空多陪宝宝玩耍，不要只顾自己看电视而让宝宝自己玩。要让宝宝多与人接触，如阿姨、叔叔、爷爷、奶奶或小朋友等，这些人都可以成为宝宝交往的对象。

握握手，交朋友

为了培养宝宝的交往能力，爸爸妈妈可以有意识地让宝宝和同龄宝宝接触，通过以下方式，训练他和同伴相处的能力。

1. 欢迎欢迎：当与小朋友们相互见面的时候，让宝宝对小伙伴点点头或拍拍手表示欢迎对方。

2. 握握手：刚与小朋友见面后，爸爸妈妈应鼓励两个宝宝相互握握手，以示友好。

3. 谢谢：引导小宝宝们相互交换自己的玩具，并让他们点点头，以表示谢意。

4. 一起玩耍：让宝宝们一起在地毯上或床上互相追逐、嬉闹。

5. 再见：与小伙伴们分手时，让宝宝挥挥手，表示再见。

玩一玩：找玩具

目 的	让宝宝有意识地观察环境，积累经验和知识，提高手眼协调能力
适合年龄	9个月
练习次数	1天1次，每次3分钟

1. 妈妈当着宝宝的面，将宝宝的玩具藏起来，然后让宝宝去找。

2. 妈妈问宝宝，玩具去哪里了？宝宝能不能找到？

3. 让宝宝找来找去，想办法把玩具找出来。

第四章

9 ~ 12 个月

我要探索你，世界真奇妙！

　　9 ~ 12 个月是宝宝的探索敏感期，你会发现他们很好动，妈妈只需要注意在保护安全的基础上，再观察他们自由探索的行为就可以了，因为探索可以让他们更聪明。

9～10个月的宝宝

☆ ☆ ☆
体格发育监测标准

类别	男宝宝	女宝宝
身 高	65.2～80.5厘米，平均为72.9厘米	63.7～78.9厘米，平均为71.3厘米
体 重	6.86～13.34千克，平均为10.1千克	6.53～12.52千克，平均为9.525千克
头 围	43.2～48.4厘米，平均为45.8厘米	42.5～47.2厘米，平均为44.8厘米
胸 围	41.9～49.9厘米，平均为45.9厘米	40.7～48.7厘米，平均为44.7厘米

•爱的寄语•

•成长记事本•

•宝宝趣事•

 # 宝宝智能发育记录

大动作发育	1. 宝宝能够坐得很稳，能由卧位坐起而后再躺下，能够灵活地前、后爬行，爬得非常快，能扶着床栏站着并沿床栏行走 2. 这段时间的运动能力，宝宝的个体差异很大，有的宝宝稍慢些
精细动作发育	10 个月龄的宝宝会抱娃娃、拍娃娃，模仿能力加强。双手会灵活地敲积木，会把一块积木搭在另一块积木上
视觉发育	宝宝能手眼配合完成一些活动，如：把玩具放进箱子里，把手指头插到玩具的小孔中，用手拧玩具上的螺丝等
听觉发育	10 个月月龄的宝宝能对细小的声音做出反应，怕巨响，能听懂一些简单的词语
语言能力发育	能模仿发出双音节词，如"爸爸""妈妈"等。女宝宝比男宝宝说话早些。学说话的能力强弱并不表示宝宝的智力高低，只要宝宝能理解父母说话的意思，就说明发育很正常
作息时间安排	10 个月月龄的宝宝活动范围进一步增多，如果白天醒着的时间增多，晚上又不想睡觉，就会造成睡眠不足
大小便训练	已经明显看出排尿、排便的规律性已形成，但不要急于锻炼、干预宝宝自身的规律
睡眠原则	10 个月的宝宝的睡眠和上个月差不多。每天需睡 14 个小时左右，白天睡 2 次。正常健康的宝宝在睡着之后，应该是嘴和眼睛都闭得很好，睡得很甜

注：以上属于该月龄宝宝的普遍发育水平，所以若在该月龄范围内未达标，建议加强锻炼。

建议喂养方案

这个时期宝宝主要需要的营养

10个月宝宝逐渐调整为一日三奶二餐一次水果的标准。可以选择的食物有很多，以粮食、奶、蔬菜、鱼、肉、蛋、豆腐为主的食物混合搭配，这些食物可以提供宝宝生长发育所需的营养元素。如果此阶段宝宝体重增长过快就应该对其饮食加以控制，每天配方奶供应量不可超过1000毫升，粥也不应超过1碗。

什么是DHA

DHA又叫作二十二碳六烯酸，是人体中重要的长链多不饱和脂肪酸，主要存在于视网膜及大脑皮质，是促进大脑功能以及视力正常发育的重要物质。DHA对于增强宝宝记忆与思维能力，提高智力等作用尤其显著。

0～1岁是宝宝脑发育的黄金期，错过了这个黄金期，再补充任何营养只会事倍功半。因此，家长需要在这一阶段为宝宝脑部发育提供高质量的营养。

怎样为宝宝补充DHA

DHA只存在于鱼类及少数贝类中，其他食物几乎不含DHA，因此要想使宝宝获得足够的DHA，最简便有效的途径就是吃鱼，而鱼体内DHA含量最多的部位是眼窝部分，其次是鱼油；另一种方式是通过补充强化DHA的营养品。

如何喂养本月宝宝

经常给宝宝吃各种蔬菜、水果、海产品，可以为宝宝提供维生素和无机盐，以供代谢需要。适当喂些面条、米粥、馒头、小饼干等以提高热量，达到营养平衡的目的。经常给宝宝搭配动物肝脏以保证铁元素的供应。

给宝宝准备食物不要嫌麻烦，烹饪的方法要多样化。注意色、香、味的综合搭配，而且要细、软、碎，注意不要煎炒，以利于宝宝的消化。

教妈妈学做辅食

★ 豌豆稀饭 ★

材料

豌豆 2 大匙，软米饭 1/2 碗，鱼肉 10 克。

做法

1. 将豌豆洗净，放入滚水中涮烫至熟透，沥干后挑除硬皮。

2. 将软米饭、去皮豌豆与鱼肉放入锅中，小火煮至汤汁收干一半即可。

★ 菠菜软饭 ★

材料

烤紫菜片（海苔）少许，菠菜 3 根，软米饭 1/5 碗。

做法

1. 将菠菜焯水沥干，切成碎末。

2. 把烤紫菜片用手撕碎。

3. 将软饭和水放入锅内煮，当水开始沸腾时把火调小，把撕碎的紫菜和菠菜末放入锅里，边搅边煮，至汤汁收干一半即可。

★ 太阳豆腐 ★

材料

豆腐 1/6 块，鸡蛋 1 个。

做法

1. 将豆腐在开水中焯一下，捞出沥去水分，用匙子碾碎。

2. 将蛋白、蛋黄分开，将蛋白与碎豆腐混合后加入少量水，向一个方向反复搅拌。

3. 将整个蛋黄放在中间，上锅蒸 7 ～ 8 分钟。

★ 虾肉泥 ★

材料

虾肉 15 克。

做法

1. 将虾肉放入加有少许水的锅里煮 5 分钟后取出，剁成细末。

2. 将虾肉放入榨汁机中搅成泥状。

3. 放在粥里或者加蔬菜泥一起食用。

日常护理指南

选购合适的积木

1 岁前最好给宝宝选择趣味性积木，如布积木，它柔软，有鲜艳的颜色，还有动物或水果等图案，主要训练宝宝小手的抓握能力，以及感知颜色，认识物体，发展触觉等，而且布积木不会碰伤宝宝。

穿衣护理

不要穿得太多

给宝宝穿衣不要穿得太多，穿得多不见得保暖，关键是看衣服的质地、舒展性等。

可以摸宝宝后背中心，温度适宜说明穿对了。

穿衣大小要合适

不要给宝宝穿太大的衣服，尤其是袖子不宜过长；裤子、鞋子都不宜太长、太大，否则会影响宝宝活动。一般来说，衣服可在宝宝身长的基础上长 5 ~ 6 厘米，这样有些外套衣服可以穿两个季节。因此，平日衣服不要穿得太多，一般和大人穿得一样或少一件就足够了。

面料最好是纯棉

纯棉的织物比较柔软、透气，化纤原料常会引起皮肤过敏，毛料虽然是天然品，但是比较粗糙，容易对宝宝的肌肤产生刺激，因此，宝宝的衣物选择纯棉质地的比较好，化纤原料可选做防风、防雨的风衣，毛料做外套是比较理想的。

家庭医生

学步期不可忽视安全措施

注意家具的安全

宝宝刚开始学步时，很难控制自己的重心，一不小心就有可能被碰伤。需给家具的尖角套上专用的防护套，以防宝宝受伤；也可以将家具都靠边摆放，从而为宝宝营造一个比较安全和宽敞的空间。

给插座盖上安全防护盖

宝宝学步后，活动的范围一下增大了，再加上宝宝总是充满好奇心，看到新奇的事物总爱伸手触摸一下。

为防止宝宝伸手碰触插座，一定要给插座盖上专用的安全防护盖，以防宝宝触电。

列出救援电话

紧急救援的电话号码要贴在明显处或电话机旁，一旦发生紧急情况，可以立刻寻求帮助。

收拾好危险物品

宝宝总是顽皮好动，一些由玻璃等易碎材料做成的小物件或打火机、火柴、刀片之类的危险物品，以及易被宝宝误食的小药丸、小弹珠和易被宝宝拉扯下来的桌布等东西都要收起来，以防发生危险。

家中常备常用急救药物

创可贴、红药水、绷带、消炎粉等外伤急救药品要家中常备，万一宝宝摔伤，可以立刻止血或给伤口做简单的处理。

为宝宝穿上防滑的鞋袜

父母可以为宝宝购买学步的专用鞋，这样既能够保护宝宝的双脚，保证足部的正常发育，又能很好地防止滑倒摔跤。

在家中要为宝宝穿上防滑的袜子，以防宝宝滑倒。

当心婴幼儿急疹

几个月的宝宝，如果没有任何征兆地突然发起高热来，过几天退热后身上出现玫瑰红色的疹子，妈妈不用过于担心，这是宝宝正在遭遇婴幼儿急疹。

宝宝为什么会得婴幼儿急疹

婴幼儿急疹由人类疱疹病毒6、7型引起，是一种常见的婴幼儿急性发热性疾病，传染性不强。一般2岁以内的孩子比较容易感染发病，尤其以1岁以内的宝宝最多见。发病特点是在发热3～5天后突然退热，身上出现玫瑰红色的斑丘疹，它也因此有了一个很好听的名字：婴儿玫瑰疹。这种病四季都可能发生，但冬、春季节是发病高峰时期。

怎么判断宝宝得了婴幼儿急疹

婴幼儿急疹最典型的症状是起病急，高热达39～40℃，持续3～5天后自然骤降，精神也随之好转。它的最大特点是热退疹出。婴幼儿急疹的皮疹不规则，为小型玫瑰斑点，也可能融合成一片，用手压疹子会消退。疹子最早出现于颈部和躯干，很快遍及全身，腰部和臀部较多。皮疹在1～2天内就会消退，不会留下色素斑。

婴幼儿急疹在家如何护理

生病时，要让孩子卧床休息，尽量少去户外活动，注意隔离，避免交叉感染。发热时，要给孩子多喝水，吃容易消化的食物，适当补充B族维生素和维生素C等。如果孩子体温较高，并出现哭闹不止、烦躁等情况，可以给予物理降温。体温超过38.5℃时，要给孩子服用退热药，以免发生高热惊厥。

如果孩子已经确诊为婴幼儿急疹，而且孩子的精神状况比较好，家长就可放心在家里护理，不必经常往医院跑。得了婴幼儿急疹必须要经过几天高热、热退疹出的阶段。带着患病的孩子反复跑医院，不仅于事无补，反而有可能造成交叉感染，使病情复杂化。也不要乱给孩子服药，以免发生药物不良反应，加重病情。

❀ 小贴士

婴幼儿急疹应引起足够重视

幼儿急疹是病毒感染引起的，属自限性疾病，治疗不需要使用抗生素，只要加强护理，适当给予对症治疗，几天后就会自己好转。

当孩子高热不退、精神差，出现惊厥、频繁呕吐、脱水等表现时，家长要及时带孩子到医院就诊，以免造成神经系统、循环系统功能损害。

宝宝智力加油站

☆ ☆ ☆

宝宝动作能力训练

10个月的宝宝，精细动作有了一定程度的发展，宝宝的五指已能分工、配合，并能够根据物体的外形特征较为灵活地运用自己的双手。

训练手眼的协调能力

训练抓捏一些小豆子之类的东西，但妈妈要注意看护，不要让宝宝把东西放到口、鼻、耳中，要让宝宝把拿到的小豆子放在瓶子里。

在宝宝两手各拿一玩具玩耍时，让他有意识地放下手中的，去拿正在递过来的玩具，也可让宝宝把玩具送到指定的地方。

玩具放进去和拿出来

在练习放下和投入的基础上，妈妈可将宝宝的玩具一件一件地放进"百宝箱"里，边做边说"放进去"；然后再一件一件地拿出来，让宝宝去模仿。这时，还可以让宝宝从一大堆玩具中挑出一件，如让他将小彩球拿出来，可以连续练习几次。

宝宝语言能力培养

宝宝在这个时期的语言能力特点是能无意识地发出字音，所以语言培养方面还是要以多听多理解为主，让宝宝了解更多。

当妈妈说"欢迎""再见"或"躲猫猫"时，宝宝会用动作表演2个以上。

听音乐、儿歌与故事

爸爸妈妈可以给宝宝放一些儿童乐曲、念一些儿歌，激发宝宝的兴趣和对语言的理解。

学习用品及动作语言

在日常生活中，爸爸妈妈还要通过学习和训练宝宝懂得"给我""拿来""放下""开开"和"关上"的含义，并要懂得"苹果""饼干""衣服"等食品和用品的意思。

宝宝视觉能力培养

10个月的宝宝，视觉能力发育已经有了很大变化。

爸爸妈妈应根据这个阶段宝宝视觉发育的特点，来激发宝宝的视觉发育。

指图问答

妈妈将宝宝带到动物园或给一本动物画书，从观察中说出各种动物的特点。如大象的鼻子长、小白兔的耳朵长、洋娃娃的眼睛大等。

妈妈除了要告知宝宝图中的动物名称外，还要让宝宝注意观察各种动物的特点，反复学习数次后，可以问"大象有什么？"宝宝会指鼻子作答。但训练的内容每次不宜过多，从一个开始练习，时间1～2分钟，不宜太长，而且必须是宝宝感兴趣的东西，不能强迫宝宝去指认。

图卡游戏

爸爸妈妈可将颜色鲜艳、图案简洁的儿童画，如动物、食物、玩具等贴在方盒的每个面上，让宝宝辨认。

此外，也可以先将一个图案的特点讲给宝宝听，如小鸟有翅膀，会"喳喳"叫，等宝宝记住后，把这个图转变方向，问"喳喳"叫在哪里，这时宝宝会在箱子周围爬来爬去找小鸟的图案。

玩一玩：动物运动会

目　的　提高宝宝的分类能力，初步培养逻辑思维

适合年龄　10个月

练习次数　1天1次，每次20分钟

1. 妈妈准备各种动物玩具，模拟一个动物运动会的场景。

2. 妈妈先给宝宝讲动物的故事，如："一天，森林要开运动会，动物们都来到运动场准备参加比赛。有小白兔、乌龟、鸭子、天鹅等。运动会有赛跑、游泳、飞行三个项目，动物们要根据自己的特长来报名。"

3. 妈妈可以在旁边帮助宝宝进行分类，用一连串的问题引导宝宝来观察和总结不同种类动物之间的差别，比如提示宝宝"小鸟有一双翅膀，它最喜欢在天空飞翔，所以，小鸟应该报名参加飞行比赛"等。

10～11个月的宝宝

☆ ☆ ☆
体格发育监测标准

类别	男宝宝	女宝宝
身　高	70.1～80.5 厘米，平均为 75.3 厘米	68.8～79.2 厘米，平均为 74.0 厘米
体　重	7.04～13.68 千克，平均为 10.36 千克	6.71～12.85 千克，平均为 9.78 千克
头　围	43.7～48.9 厘米，平均为 46.3 厘米	42.6～47.8 厘米，平均为 45.2 厘米
胸　围	42.2～50.2 厘米，平均为 46.2 厘米	41.1～49.1 厘米，平均为 45.1 厘米

·爱的寄语·

·成长记事本·

·宝宝趣事·

宝宝智能发育记录

大动作发育	这个月龄的宝宝能稳稳地坐较长的时间，能自由地爬到想去的地方，能扶着东西站得很稳
精细动作发育	拇指和食指能协调地拿起小的东西；会做招手、摆手、翻书等动作
视觉发育	宝宝看的能力已经很强了，从这个月开始可以让宝宝通过画书认图、认物，读正确的名称
听觉发育	这个月龄的宝宝能听懂简单的语句，有的宝宝可以重复别人的声音
语言能力发育	1. 这个月龄的宝宝能模仿父母说话，说一些简单的词 2. 这个月龄的宝宝已经能够理解常用词语的意思，并会做一些表示词义的动作 3. 喜欢和成人交往，并模仿成人的举动。当他不愉快时会表现出不满意的表情
作息时间安排	这个月龄的宝宝睡眠习惯不会有太大改变，睡眠时间有了显著的个体差异
大小便训练	可以选择属于宝宝的专属坐便器，这一时期主要让宝宝对坐便器熟悉，不要强迫宝宝坐，如果他肯坐，就要给予表扬
睡眠原则	11个月的宝宝每天的睡眠时间为14个小时左右。宝宝大了，可能会边睡边吃手指或吮吸其他物品，应慢慢地纠正，不能顺其自然，一旦养成吮吸癖是很难改的

注：以上属于该月龄宝宝的普遍发育水平，所以若在该月龄范围内未达标，建议加强锻炼。

小测试

序号	测试题	选项	得分
1	认识身体部位	A.6 处（12 分） B.5 处（10 分） C.4 处（8 分） D.3 处（6 分） E.2 处（4 分）	10 分为合格
2	指图，如动物、水果、日常生活用品、车辆等图	A.8 幅（14 分） B.6 幅（10 分） C.4 幅（8 分） D.2 幅（4 分） E.1 幅（2 分）	10 分为合格
3	配大小瓶盖	A. 正确配上大小瓶盖（10 分） B. 正确配上 1 个（5 分） C. 配 1 个但放歪（3 分） D. 未配上（0 分）	10 分为合格
4	蜡笔画	A.乱涂，纸上有痕（10 分） B.扎上小点（5 分） C. 空中乱画（3 分） D. 不会握笔（0 分）	10 分为合格

序号	测试题	选项	得分
5	1分钟内投入瓶中小丸个数	A.6个（12分） B.5个（10分） C.4个（8分） D.3个（6分） E.2个（4分）	10分为合格
6	模仿成人拿着拴细线的小球摇晃	A. 摇成圆圈（10分） B. 前后晃荡（5分） C. 摇不动（0分）	10分为合格
7	模仿动物声叫：猫、狗、羊、鸭、鸡、牛、虎	A.6个（12分） B.5个（10分） C.4个（8分） D.3个（6分） E.2个（4分）	10分为合格
8	会用汤匙	A. 盛饭送入嘴里1~2匙（12分） B. 盛上饭，但未送到嘴里（10分） C. 凸面向上盛不到东西（8分） D.乱搅不盛物（0分）	10分为合格
9	戴帽	A. 放头顶上拉正（12分） B. 放稳（10分） C. 放不稳掉下（4分） D. 不会（0分）	10分为合格
10	学站	A. 不扶物站稳3秒（12分） B. 扶物站稳（10分） C. 牵着站（8分）	10分为合格

测试分析

　　总分在100分以上为优秀，90~100分为正常，70分以下为暂时落后。如果哪一道题在合格以下，可先复习上月相应的试题或练习该组的全部试题，通过后再练习本阶段的题。哪一道题在合格以上，可练习下阶段同组的试题，使优势更加明显。

建议喂养方案

这个时期宝宝主要需要的营养

11个月的宝宝，已经完全适应以一日三餐为主、早晚配方奶为辅的饮食模式。宝宝以三餐为主之后，家长就一定要注意保证宝宝饮食的质量。宝宝出生后是以乳类为主食，经过一年时间终于完全过渡到以谷类为主食。米粥、面条等主食是宝宝补充热量的主要来源，肉泥、菜泥、蛋黄、肝泥、豆腐等含有丰富的无机盐和纤维素，促进新陈代谢，有助于消化。

宝宝的主食有：米粥、软饭、面片、龙须面、馄饨、豆包、小饺子、馒头、面包、糖三角等。每天三餐应变换花样，增进宝宝食欲。

✿ 小贴士

建议每日营养饮食量

每天4次配方奶共计600～800毫升。正餐做到和大人饮食时间统一的一日三餐。水果和奶量是一定要保证的。在两餐中可以给宝宝吃一些点心，但要注意糖和巧克力不要吃，一方面容易导致蛀牙，另一方面容易堵住宝宝的喉咙，引起窒息。

如何喂养本月宝宝

这一时期宝宝已经能够适应一日三餐加辅食，营养重心也从配方奶转换为普通食物，但家长需要注意的是，增加食物的种类和数量，还要经常变换主食，要使粥、面条、面包、点心等食物交替出现在宝宝的餐桌上。做法也要更接近婴儿食品，要软、细，做到易于吸收。

合理给宝宝吃点心

点心的品种有很多，蛋糕、甜饼干、咸饼干等都是点心，都可以给这个月的宝宝吃，但是不能给宝宝吃得太多，这样容易造成宝宝不爱吃其他食物。点心一般都很甜，所以，要注意清洁宝宝的牙齿，可以给宝宝温水喝，教宝宝漱口、刷牙。

教妈妈学做辅食

★ 百合煮香芋 ★

材料

芋头 100 克，百合 50 克，椰浆 2 小匙、植物油少许。

做法

1. 将芋头去掉皮，切成小三角块，用热油炸熟备用。

2. 坐锅点火放入植物油，油热后倒入百合爆炒，再加入清汤、芋头块煮 10 分钟。

3. 放入椰浆，续煮 1 分钟即可。

★ 鸡肉卷 ★

材料

鸡肉 100 克，鸡蛋 1/2 个，胡萝卜 10 克，玉米粒、豌豆、淀粉各 1 小匙。

做法

1. 将胡萝卜洗净，去皮后切小丁；豌豆与玉米粒洗净。

2. 将鸡肉洗净后压干水分，剁成泥，放入大碗中，加入所有材料拌匀。

3. 用铝箔纸包卷成圆圈状，放入电热锅中，锅里加入水煮至开关跳起，取出切片即可。

★ 木瓜奶汤 ★

材料

木瓜 1/2 个，配方奶 2 大匙。

做法

1. 将木瓜去掉子，再切成条，用水果刀将木瓜条横划几刀，抓住木瓜条的两端，翻面切成去掉皮的木瓜块。

2. 将木瓜加调好的配方奶置蒸锅蒸 10 ~ 15 分钟，稍冷即可喂食。

★ 鸡肉蔬菜粥 ★

材料

大米粥 2 匙，鸡胸脯肉 10 克，菠菜 10 克，胡萝卜 5 克，鸡肉汤汁 2/3 杯。

做法

1. 将鸡胸脯肉用水煮，撇去汤里的油，保留汤汁备用，鸡胸脯肉切成小粒。

2. 洗净菠菜，取菜叶部分用沸水焯一下，再切碎；将胡萝卜削皮后洗净，切成小粒；把大米粥、胡萝卜粒和鸡肉汤汁放入锅里煮。

3. 水开调小火，将上述材料放入锅里边搅边煮，直到粥烂熟为止。

日常护理指南

做好宝宝的情绪护理

不要过分溺爱

有时候父母的精心呵护反而会"伤"了宝宝。比如，有些父母总怕宝宝走路会摔倒，会累着，于是喜欢用车推着宝宝或是抱着宝宝。这样一来，宝宝活动量小，协调能力、大肌肉的锻炼都不够，活动能力就特别差。这种看似对宝宝的爱，会使宝宝今后生活能力差，社交能力差，不敢面对外面的社会。

正确做法是放开手，让宝宝自己收拾玩具，自己吃饭，摔倒后自己爬起来，这样能使宝宝更快乐，更有成就感。

不要过分专制

有的父母认为管教宝宝就要从小做起，让宝宝绝对服从父母的意志。宝宝想要红色的玩具，妈妈却认为绿色的好看，于是买下绿色的。时间长了，宝宝就会变得畏畏缩缩，从而局限了宝宝的智力发展。

正确做法是：如果宝宝提出的要求合理，尽量尊重宝宝的选择，而不要把大人的思维强加给宝宝。

避免学步车带来的危害

在宝宝 10 ~ 11 个月时，大多数已开始蹒跚学步了。这时很多父母会给宝宝买学步车来帮宝宝学走路，但是学步车在为宝宝学走路提供了便利的同时，也会给宝宝带来一些安全隐患。所以宝宝在使用学步车时也要加强保护。

学步车的各部位要牢固，以防在碰撞过程中发生车体损坏、车轮脱落等事故，而且学步车的高度要适中，车轮不要过滑。需要在成人监护下使用正规科学设计原理的学步车。

家庭医生 ☆☆☆

磨 牙

对健康的影响

　　磨牙会使宝宝的面部过度疲劳,吃饭、说话时会引起下颌关节和局部肌肉酸痛,张口时下颌关节还会发出响声,使宝宝感到不舒服。磨牙还会使宝宝咀嚼肌增粗,下端变大,导致脸型发生变化,影响外观。

原因及解决方法

　　1.宝宝患有蛔虫病,由于蛔虫扰动使肠壁不断受到刺激,也会引起咀嚼肌的反射性收缩而出现磨牙。这时应及时为宝宝驱虫。

　　2.宝宝因为白天受到父母的训斥,或是睡前过于激动,而使大脑管理咀嚼肌的部分处于兴奋状态,于是睡着后会不断地做咀嚼动作。这时父母尽量不要给宝宝压力,给宝宝营造一个舒适的家庭环境。

　　3.宝宝出牙期间,如果因为营养不良,先天个别牙齿缺失,或是患了佝偻病等,牙齿发育不良,上下牙接触时会发生咬合面不平,也会出现磨牙现象。请口腔科的医生检查一下宝宝是否有牙齿咬合不良的情况,如果有,需磨去牙齿的高点,并配制牙垫,晚上戴上牙垫后可以减少磨牙。

说梦话

对健康的影响

　　经常说梦话的宝宝往往有情绪紧张、焦虑、不安等问题,有时还会影响宝宝的睡眠质量。

原因及解决方法

　　说梦话与脑的成熟、心理机能的发展有较密切的关系,主要是由于宝宝大脑神经的发育还不健全,有时因为疲劳,或晚上吃得太饱,或听到、看到一些恐怖的语言、电影等引起的。如果宝宝经常说梦话,在宝宝入睡前不要让宝宝做剧烈运动,不让宝宝看打斗和恐怖电视。

　　如果宝宝白天玩得太兴奋,可以让宝宝在睡觉前做放松练习,使宝宝平静下来,或者给做按摩,有镇静安神的功效。

宝宝智力加油站

宝宝牙牙学语

11 个月的宝宝，爸爸妈妈要给他创造说话的条件，如果宝宝仍用表情、手势或动作提出要求，爸爸妈妈就不要理睬他，要拒绝他，使他不得不使用语言。如果宝宝发音不准，要及时纠正，帮他讲清楚，不要笑话他，否则他会不愿或不敢再说话。

培养语言美

这个时期宝宝的模仿能力很强，听见骂人的话也会模仿，由于这时宝宝的头脑中还没有是非观念，他并不知道这样做对不对。

玩一玩：说出来再给

当宝宝指着他想要的东西向爸爸或妈妈伸手时，这时就要鼓励宝宝把指着的东西发出声音来，并教他把打手势与发音结合，到最后用词代替手势，这样再把宝宝想要的东西递给他。经过多次努力的训练，宝宝掌握的词汇就会越来越多，语言能力也就越来越强。

11～12个月的宝宝

☆ ☆ ☆

体格发育监测标准

类别	男宝宝	女宝宝
身 高	67.5～83.6 厘米，平均为 75.6 厘米	66.1～82.5 厘米，平均为 74.1 厘米
体 重	7.21～14 千克，平均为 10.605 千克	6.87～13.15 千克，平均为 10.01 千克
头 围	43.9～49.1 厘米，平均为 46.5 厘米	43.0～47.8 厘米，平均为 45.4 厘米
胸 围	42.5～50.5 厘米，平均为 46.5 厘米	41.4～49.4 厘米，平均为 45.4 厘米

•爱的寄语•

•成长记事本•

•宝宝趣事•

宝宝智能发育记录

大动作发育	这个时期的宝宝坐着时能自由地左右转动身体，能独自站立，扶着一只手能走，推着小车能向前走
精细动作发育	能用手捏起扣子、花生米等小东西，并会试探地往瓶子里装，能从盒子里拿出东西然后再放回去。双手可以很灵活地摆弄玩具
视觉发育	要注意培养宝宝的注意力，训练方法是给宝宝看一些他感兴趣的东西，这样他就能很好地集中注意力，达到学习的目的
听觉发育	听力进一步增强，会对指令做正确的反应，能准确地说出"爸爸""妈妈""滴滴"等双音节词语
语言能力发育	这个时期的宝宝喜欢"嘟嘟叽叽"地说话，听上去像在交谈。能把语言和表情结合起来，他不想要的东西，他会一边摇头一边说"不"。这时宝宝不仅能够理解父母很多话，对父母说话的语调也能理解。宝宝还不能说出他理解的词，常常用他的语音说话
作息时间安排	这个时期的宝宝喜欢和父母在一起玩游戏、看书，听父母给他讲故事。喜欢玩藏东西的游戏，喜欢认真仔细地摆弄玩具和观赏实物，因此应增加亲子早教时间
大小便训练	排便质地类似成人，建议成人记录宝宝每天排便规律，不建议干预排便节奏
睡眠原则	1. 这个月龄的宝宝白天睡 1～2 次，每日睡眠时间为 14 个小时左右 2. 到了 1 岁，让宝宝平静下来上床睡觉变得越来越难，但还是要坚持以往的就寝时间，这对培养宝宝良好的睡眠习惯很重要

注：以上属于该月龄宝宝的普遍发育水平，所以若在该月龄范围内未达标，建议加强锻炼。

建议喂养方案

这个时期宝宝主要需要的营养

12个月的宝宝，已经完全适应以一日三餐为主、早晚配方奶为辅的饮食模式。米粥、面条等主食是宝宝补充热量的主要来源，肉泥、菜泥、蛋黄等还有丰富的维生素、无机盐，促进新陈代谢，有助于消化。

❋ 小贴士

应为宝宝选择天然食物

值得妈妈注意的是，此阶段宝宝的代谢能力还比较弱，如果吃了加工食物，由于无法快速代谢出体外，就会对宝宝的身体健康产生影响，甚至会导致宝宝患上疾病。因而，给宝宝吃的食物最好是未经人工处理的食物，给宝宝做食物时尽量采用新鲜食材和用煮、蒸的做法，尽量避免煎、炸食物给宝宝吃。

如何喂养本月宝宝

这个月的宝宝最省事的喂养方式是每日三餐都和大人一起吃，加三次配方奶，有条件的话，加两次点心、水果，如果没有这样的时间，就把水果放在三餐主食以后。母乳喂养的宝宝可将早起后、午睡前、晚睡前、夜间醒来时的奶尽量断掉，尽量不在三餐前喂，以免影响进餐。

多给宝宝吃一些天然食物

相对而言，未经过人工处理的食物营养成分保持得最好。而在婴幼儿期的宝宝正处在身体发育的旺盛阶段，所需要的营养很多，而且品质相对也要高很多。但那些经过人工处理过的食物，通常都会流失掉近一半的营养，这对宝宝的成长显然是不利的。更为关键的是，那些已经经过人工处理的食物，往往会人为地添加很多未被确定的物质，而且这些物质大多对人体健康不利。

宝宝饮食禁忌

少让宝宝吃盐和糖

12 个月之前的宝宝辅食中不应该有盐和糖，12 个月之后宝宝的辅食可以放少量盐和糖。盐是由钠元素和氯元素构成的，如果摄入过多，而宝宝肾脏又没有发育成熟，没有能力排出多余的钠，就会加重肾脏的负担，对宝宝的身体有着极大的伤害，宝宝将来就可能患上复发性高血压病。

摄入盐分过多，体内的钾就会随着尿液流失，宝宝体内缺钾能引起心脏衰竭，而吃糖会损害宝宝的牙齿。所以，最好给宝宝少添加这两种调料。

不要拿鸡蛋代替主食

12 个月的宝宝，鸡蛋仍然不能代替主食。有些家长认为鸡蛋营养丰富，能给宝宝带来强壮的身体，所以每顿都给宝宝吃鸡蛋。

这时候宝宝的消化系统还很稚嫩，各种消化酶分泌还很少，如果每顿都吃鸡蛋，会增加宝宝胃肠的负担，严重时还会引起宝宝消化不良、腹泻。

教妈妈学做辅食

★ 猪肝萝卜泥 ★

材料

猪肝 50 克，豆腐 1/2 块，胡萝卜 1/4 根。

做法

1. 将锅置火上，加清水烧热，加入猪肝煮熟，捞出之后用匙刮碎。

2. 将胡萝卜蒸熟后压成泥，将豆腐碾碎。

3. 将胡萝卜泥、豆腐泥和猪肝泥合在一起，放在锅里再蒸一会儿即可。

★ 煮挂面 ★

材料

挂面 10 克，鸡胸脯肉 5 克，胡萝卜 1/5 根，菠菜 1 根，高汤 100 毫升，淀粉适量。

做法

1. 将鸡肉剁碎用淀粉抓匀，放入用高汤煮软的胡萝卜和菠菜做的汤中煮熟。

2. 加入已煮熟的切成小段的挂面，煮 2 分钟即可。

★ 肉末茄泥 ★

材料

茄子 1/3 个，瘦肉末 1 匙，水淀粉少许，蒜 1/4 瓣。

做法

1. 将蒜瓣剁碎，加入瘦肉末中，用水淀粉拌匀，腌 20 分钟。

2. 将茄子横切 1/3，取带皮部分较多的那半，茄肉部分朝上放碗内。

3. 将腌好的瘦肉末放在茄肉上，上锅蒸烂即可。

★ 花生粥 ★

材料
花生仁 20 粒，大米粥 1 碗。

做法

1. 将花生仁炒熟后用擀面杖碾成细末。

2. 将锅置火上，将大米粥煮熟，将花生末放入粥中搅拌均匀即可。

日常护理指南

不同阶段的牙刷

指套牙刷（妈妈帮宝宝刷）

宝宝嘴里残留的奶水、辅食等都是细菌的营养液。细菌滋生，轻者引起口臭，重者可能引起口腔疾病，因此，最好每晚宝宝睡前都能清洁一下口腔。

宝宝没长牙或刚开始长牙，全硅胶制成的指套牙刷是最合适的工具。

硅胶牙刷（1岁以上宝宝自己刷牙，养成好习惯）

硅胶幼儿牙刷非常好用，刷毛细，清洁效果更优，而且整把牙刷都是硅胶制成的，所以不怕宝宝咬。

给宝宝喂药不再犯难

宝宝生病时可能比平时容易激动、烦闷，更需要家人的关怀。现在大部分给宝宝服用的药物都已经添加了糖果的成分，宝宝比较容易接受。

给宝宝喂药小技巧	
1	准备好宝宝喜欢的食物，让他服完药后食用，以去除药物的味道。在给宝宝服药时要多多鼓励宝宝，服药后要给宝宝适当的奖赏和赞扬
2	尽量在喂药时，将药物喂入宝宝的舌后端。因为舌前部味蕾比较敏感，所以，将药喂入舌后部，宝宝就不会感觉到药味太浓
3	不可以欺骗方式让宝宝服药，应该告诉宝宝吃药的原因：吃药病就会好起来，身体上的不适就会减轻。让宝宝学会接受服药

家庭医生

☆ ☆ ☆

6 招应对
宝宝厌食

1. 腹部按摩

宝宝肠胃消化功能弱，容易发生肠胀气。适当的腹部按摩可以促进宝宝肠蠕动，有助于消化。

具体步骤：宝宝进食 1 小时以后，让宝宝仰卧躺下；手指蘸少量宝宝油抹在宝宝肚子上进行润滑；右手并拢，以肚脐为中心，用 4 个手指的指腹按在宝宝的腹部，并按顺时针方向，来回划圈 100 次左右。

2. 补充益生菌

这个阶段的宝宝，在高温的影响下容易发生肠道菌群的紊乱。适量给宝宝补充益生菌，有助于肠道对食物的消化吸收，以维持正常的运动，从而增进食欲。

3. 少吃多餐

对食欲不佳的宝宝不要勉强。每次进食的量变少了，就适当增加一两顿午间餐，尽量保证每天的总量就可以。

4. 准备清淡营养粥

宝宝开始长牙时，咀嚼能力尚弱。熬一些消暑、健脾的粥给宝宝吃，可以营养、训练两不误，如绿豆百合粥、红豆薏米粥等。

5. 餐前 2 小时不吃零食

适度的饥饿感可以让宝宝食欲增强，餐前 2 小时内不要给宝宝吃零食、喝果汁，哪怕是两块小饼干，也会大大影响宝宝的食欲。要知道，"饥饿"是最好的下饭菜。

6. 食物补锌

宝宝在夏天容易出汗，易导致锌元素的流失，缺锌会引起厌食。可为宝宝补充一些含锌量高的食物，如把杏仁、莲子一类的干果磨成粉，做成辅食给宝宝食用。

缺锌情况严重的宝宝，也可适当服用一些补锌的保健品。

破伤风的
防治护理

病症

破伤风是一种严重影响中枢神经的传染病，发病的原因是细菌孢子经伤口进入身体后造成感染，在发达国家，本病由于免疫接种而很少发生。破伤风在 3～21 天的潜伏期后，患儿出现的症状有：牙关紧闭，不能张嘴，出现吞咽困难，面部肌肉收缩，患儿呈苦笑面容。一般在 10～14 天内，颈、背、腹、肢的肌肉痉挛性收缩，同时可引起呼吸困难。

处理方法

如果宝宝出现破伤风的症状，应立即入院接受治疗。破伤风程度较轻可吃少量的食物，使用镇静药物。如果很严重必须做气管切开术，以利于患儿呼吸。使用肌肉松弛剂和镇定药物以解除肌肉的痉挛，使用人工通气设备保障呼吸。

❀ 小贴士

破伤风应提前预防

预防破伤风的发生，早期给宝宝做常规破伤风免疫接种（宝宝在 3、4、5、18 月龄应接种 4 次疫苗，在宝宝入小学前再加强 1 次），一旦宝宝有深度创伤，不要等到出现症状，应马上带宝宝到附近医院的急诊部医治。为了预防此病的发生，医生可能会给伤口做手术，取出异物和坏死组织，可能还会给宝宝注射抗破伤风血清。

宝宝智力加油站

宝宝阅读
识字训练

书籍是宝宝的快乐伙伴，让宝宝从书中感知世界，认识和了解生活。从零岁开始，书籍就应该走入宝宝的生活。

宝宝早期阅读能力开发

早期阅读从婴儿4个月就可以逐步开始，对于宝宝阅读的引导，爸爸妈妈不能操之过急。

通常，6个月到1岁的宝宝口欲期，往往用口来感知事物，喜欢撕书、咬书、玩书，这时爸爸妈妈可以选择布书。因为这一阶段正是宝宝的潜阅读时期和语言的萌芽期，爸爸妈妈的任务就是让宝宝对书感兴趣，让宝宝从小就喜欢书，不要以大人的要求去约束宝宝。

色彩鲜艳、图文并茂，并且其中的故事内容通俗易懂、富有幽默感。语言浅显生动、朗朗上口、易学易记的图书，都很适合宝宝阅读。

适合宝宝的三种书

活泼优美的图画书是儿童图书中最重要的组成部分，也是最适宜宝宝进行早期阅读的图书。常见的儿童图画书有三种：

1. 概念书

类似于识字卡片，向宝宝们讲解某个概念，比如大小的概念及数字的概念。

2. 知识书

这是儿童的百科全书，只要宝宝想知道的在这类图书里面全都有。

3. 故事书

这种书都是儿童题材的小说，故事情节生动曲折，宝宝往往很喜欢。

❋ 小 贴 士

三种图书要均衡阅读

这三种图书犹如宝宝成长过程中的必须营养品，爸爸妈妈选择时都应涉及，做到宝宝的精神营养均衡，千万不要有偏差。

教 12 个月的宝宝学看书

12 个月的宝宝已经具备了看书的能力，在爸爸妈妈的指导和协助之下，他们可以从书中认识图画、颜色，并指出图中所要找的动物和人物。

看书识图能培养宝宝较强的注意力、观察力和辨别力，促进宝宝的智力发育。

选择宝宝喜欢的图书

在宝宝情绪愉快时，爸爸或妈妈要让宝宝坐在自己的怀里，打开一本适合宝宝读的图书，父母先打开书中宝宝认识的一种小动物图画，引起宝宝的兴趣，再当着他的面把书合上，说"大熊猫藏起来了，我们把它找出来吧！"父母要示范一页一页翻书，一旦翻到，要立刻显出兴奋的样子："哇，我们找到了！"然后再合上书，让宝宝模仿你的动作，打开书也找大熊猫。

让宝宝自己翻书

拿专供宝宝看的大开本图画书，边讲边帮助宝宝翻看，最后让宝宝自己独立翻书。

爸爸妈妈要观察宝宝是否是从头开始，按顺序地翻看。开始时，宝宝往往不能按顺序翻，每次不只翻一页，但经过练习翻书技能会逐渐得到提高，这一点要通过从认识简单图形逐渐加以纠正，随着空间知觉的发展，宝宝自然会调整过来。

宝宝学走
时间表

月龄	智能发育详情
8 个月： 努力扶物站立	宝宝会抓着身边的一切可以利用的东西站起来。一旦第一次站立成功了，他就不再满足于规规矩矩地坐着了。随后，他开始练习爬行，练习扶物行走，这样一来，宝宝就可以去够到自己感兴趣的东西了
9 ~ 10 个月： 学会蹲	宝宝开始学习如何弯曲膝盖蹲下去
11 ~ 12 个月： 自由伸展	此时，宝宝很可能已经能够独自站立、弯腰和下蹲了
13 个月： 蹒跚学步	大约有 3/4 的宝宝可以在这个阶段摇摇晃晃地自己走了，但也有些宝宝直到 15 个月才能自己走
14 个月： 熟练地走路	宝宝能够独自站立，蹲下再起来，甚至有的宝宝能够倒退一两步拿东西
15 个月： 自由地行走	大部分的宝宝能够走得比较熟练，喜欢边走边推着或拉着玩具

如何督导宝宝
开口说话

宝宝会开口说话是每一个爸爸妈妈热切期盼的。爸爸妈妈是否热情地与宝宝交谈，对宝宝学说话起着关键作用。良好的亲子互动是宝宝学说话的最优氛围，爸爸妈妈和宝宝互动的质量和频率决定宝宝日后沟通能力的强弱。

帮助宝宝进行明确表达

宝宝想表达自己的意思，但想说又不会说，父母可以抓住这个时机，帮助宝宝把他想说的话说出来，以让宝宝听到他想说的话是怎么表达的。

扩展其实是很好的提升宝宝认知的方法。在扩展时可以用描述、比较等方法。通过描述事物的颜色、形状、大小等来提升宝宝的认识能力。比如可以说："苹果，红色的苹果。"通过这些语言都可以让宝宝了解事物的性质，提升宝宝对事物的认知，增加词汇量以及提升语言表达能力。

明白所指，互动交流

在宝宝还没有学会说话以前，他的回应可能是"咿咿呀呀"或身体姿势和表情。这时爸爸妈妈要学会"察言观色"，对宝宝的行为、情绪保持敏感，就能和宝宝互动，抓住和保持宝宝的注意力，学习语言。

重点强化

让宝宝学说话，爸爸妈妈可以重复或者大声强调想要宝宝学习的词语，比如："这是皮球。"一个词要重复很多遍后，宝宝才能理解并且记忆，最后自己说出这个词。

对宝宝重复相同的话，唱同样的歌，念相同的歌谣，这一切都能在照顾宝宝的过程中自然发生，而且能起到强化的作用。

宝宝的益智玩具

玩具在宝宝的生活中扮演着十分重要的角色。依照玩具能产生的教育效果，可将玩具分成 5 类：

动作类玩具

如不倒翁、拖拉车、小木椅、自行车等，这些玩具不但能锻炼宝宝的肌肉，还能增强宝宝的感觉运动协调能力。

语言类玩具

如成套的立体图像、儿歌、木偶童谣、图画书，可以培养宝宝视、听、说、写等能力。

模仿游戏类玩具

模仿是宝宝的天性，几乎每个学龄前儿童都喜欢模仿日常生活所接触的不同人物，模仿不同的角色做游戏。

建筑类玩具

如积木，既可以建房子，也可以摆成一串长长的火车，还可以搭成动物医院。这样的玩具可以让宝宝充分发挥想象力。

教育性或益智类玩具

如拼图玩具、拼插玩具、镶嵌玩具，可以培养图像思维和进一步的创造构思部分与整体概念。套叠用的套碗、套塔、套环，可以由小到大，帮助宝宝学习顺序的概念。

为宝宝选择合适的玩具	
动作智能玩具	教宝宝拿一块积木摞在另一块积木上，也可拿一个小筐让宝宝把积木放进去又拿出来
交往智能玩具	除引导宝宝认识家里和周围的大人以外，还可利用玩具巩固认知，如爷爷、奶奶、叔叔、阿姨、哥哥、姐姐等，可以利用这些玩具教宝宝学讲话、招手、挥手等礼貌动作
益于站立和行走的玩具	爸爸或妈妈扶着宝宝的一只手，宝宝另一只手拿着拖拉玩具，边走边拖，增加宝宝学步的兴趣
语言和认识玩具	不要小看小狗、小猫、小鸡、小鸭等动物玩具，这些玩具既可发展宝宝的认识能力，同时又可引导宝宝学小动物的叫声，发展宝宝的语言能力

第五章

12 ~ 18 个月

妈妈可以做我的玩伴吗？

　　12 ~ 18 个月的宝宝是吸收性思维和各种感知觉发展的敏感期，是器官协调、肌肉发展和对物品产生兴趣的敏感期。这时期被称为"学步期"或"运动时代"，因为孩子开始尝试运动自己的身体，喜欢到处探险，用手摸所有东西，开始学站立、走路。这时他们无论是简单的大动作还是精细的小动作，两方面的能力发展得都较快，家中的任何物品都是玩具，而且精力无穷。

体格发育监测标准

类别	男宝宝	女宝宝
身 高	平均 83 厘米	平均 81.9 厘米
体 重	平均 11.9 千克	平均 11.3 千克
头 围	平均 47.4 厘米	平均 46.2 厘米
胸 围	平均 47.6 厘米	平均 46.5 厘米
牙 数	12 ~ 15 个月长出第一颗切牙，18 个月时，宝宝正常的出牙数约为 12 颗	

• 爱的寄语 •

• 成长记事本 •

• 宝宝趣事 •

宝宝智能发育记录

大动作发育	能独走，弯腰拾东西；能蹲着玩，扶栏杆上楼梯；拉着一只手能走下楼梯，还会爬上大椅子，蹬着椅子伸手够东西
精细动作发育	会把小东西装进小瓶；用笔在纸上乱涂；会把瓶盖打开又盖上；能叠2～3块积木；能2～3页地翻书
感知觉发育	认识图片或图画书上的物品，如狗、车等；能指出3～4处身体部位，能指出10张图片或图画书中的物品
社交能力发展	对陌生人表示害羞或不安；能模仿大人拍娃娃、给娃娃喂饭、盖被子等；会表达自己的情绪，有时发发脾气、扔东西
语言能力发育	能说2～3个字组成的句子，说出自己"1岁"。这时父母要有意识地多用语言来指导宝宝行动，如让宝宝"把小盆端过来""给妈妈拿拖鞋"等，使宝宝建立这种按指示做事的概念。同时也要注意一些否定性词语的学习和使用，让宝宝真正理解"有—没有、要—不要、是—不是"等概念，并学会用语言正确地表达
睡眠原则	宝宝睡觉最迟不能超过晚上9时，一般以晚8时前睡觉最为适宜。宝宝入睡前0.5～1小时，不要让宝宝看刺激性的电视节目，不讲紧张、可怕的故事，也不要玩玩具。上床入睡前要洗脸、洗脚、洗屁股。养成按时主动上床、起床的好习惯
大小便训练	妈妈在宝宝小便前、小便中及小便后，要常说"嘘嘘""尿了，好孩子"等，这是为了让宝宝有意识排尿。宝宝一旦说了"嘘嘘"，不管是小便前还是小便后，都要给予表扬。如果一让宝宝小便就打挺、强烈反抗，这时，要间隔2～3周后再训练。如果到时宝宝还是抵抗的话，排便训练还可以往后延期
自理能力发展	会用小匙盛饭放进嘴里，能将帽子放在头上；能用拇指和食指拿捏食物吃，能自己端杯喝水

注：以上属于该月龄宝宝的普遍发育水平，所以若在该月龄范围内未达标，建议加强锻炼。

建议喂养方案

这个时期宝宝主要需要的营养

宝宝过了1岁，与大人一起正常吃每日三餐的机会就逐渐增多了。但此阶段的宝宝，乳牙还没有长齐，所以咀嚼能力还是比较差的，并且消化吸收的功能也没有发育完全，虽然可以咀嚼成形的固体食物，但依旧还要吃些细、软、烂的食物。

❀ 小贴士

让宝宝摄取均衡的营养

根据每个宝宝的实际情况，为宝宝安排每日的饮食，让宝宝从规律的一日三餐中获取均衡的营养。并根据宝宝的活动规律合理搭配，兼顾蛋白质、脂肪、热量、微量元素等的均衡摄取，使食物多样化，从而培养宝宝的进食兴趣，全面摄取营养。

科学合理的饮食

营养是保证宝宝正常生长发育、身心健康的重要因素。只有营养供应充足，宝宝的身体才会长得结实、强壮。并且营养关系到大脑功能，营养不良会对宝宝大脑的发育产生不好的影响，造成智力发育和体格发育不良，即使到了成年也无法弥补。

宝宝一天的食物中，仍应包括谷薯类，肉、禽、蛋、豆类、蔬菜、水果类和奶类，营养搭配要适当，每天应保证奶类400～500毫升。在宝宝8个月起，消化蛋白质的胃液已经充分发挥作用了，为此可多吃一些含蛋白质高的食物。宝宝吃的肉末，必须是新鲜瘦肉，可剁碎后加佐料蒸烂吃。增加一些土豆、白薯类含糖较多的根茎类食物，还应增加一些粗纤维的食物，但最好把粗的或老的部分去掉。当宝宝已经长牙、有咀嚼能力时，可以让他啃硬一点的食品。

合理选择宝宝的零食

选择好给宝宝吃零食的时间。在宝宝吃中午饭和晚餐之间喂给宝宝一些点心和水果，但是不要喂太多，约占总热量的15%就好。无论宝宝多爱吃零食，都要坚持正餐为主，零食为辅的原则。要注意在餐前1～2小时就不让宝宝吃零食，以免影响正餐或出现蛀牙。

宝宝的零食最好选择水果、全麦饼干、面包等食品，并且经常更换口味，这样宝宝才爱吃，不要选择糕点、糖果、罐头、巧克力等零食，这些食品不仅含糖量高，而且油脂多，不容易消化，易导致宝宝肥胖。可以根据宝宝的生长发育添加一些强化食品，如果宝宝缺钙，可以给宝宝吃钙质饼干，缺铁可以添加补铁剂。要注意的是选择强化食品要慎重，最好根据医生的建议选择。

宝宝不吃饭不一定是厌食

有的父母是按照自己的想法，而不是按照宝宝的需求进行喂养。宝宝吃零食已经饱了，却要他再吃辅食，宝宝的胃只有那么大，吃了别的就再装不下应该吃的东西了，结果父母就认为宝宝厌食，其实这是认识上的错误。

父母应该学着了解宝宝饥饿的信号，饱的时候不强迫宝宝进食，否则会让宝宝从小就出现逆反心理，使吃饭成为最大的负担。

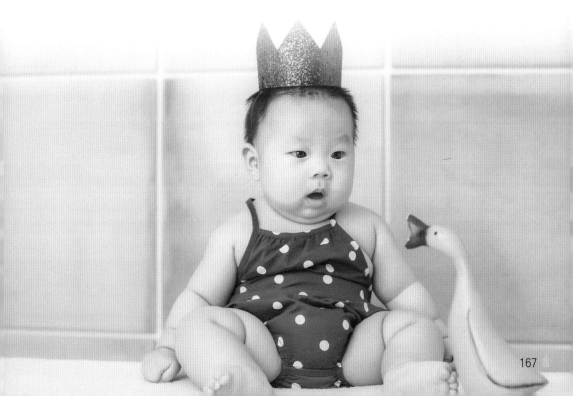

日常护理指南

☆ ☆ ☆

保证宝宝的
睡眠质量

当走进宝宝的房间时，如果闻到一种怪味，这是由于室内长时间不通风导致二氧化碳增多、氧气减少所引起的。在这种污浊的空气中生活，对宝宝的生长发育极为不利。开窗不仅可以交换室内外的空气，提高室内氧气的含量，调节温度，还可增强宝宝对外界环境的适应能力和抗病能力。

宝宝的新陈代谢和各种活动都需要充足的氧气，年龄越小新陈代谢越旺盛，对氧气的需要量也越大。因为宝宝户外活动少，呼吸新鲜空气的机会也少，所以应经常开窗，增加氧气的吸入量，来弥补氧气的不足。宝宝在氧气充足的环境中睡眠，入睡快、睡得沉，也有利于脑神经得到充分休息。

开窗睡觉时，不要让风直接吹到宝宝，若床正对窗户，应用窗帘挡一下以改变风向。总之，不要使室内的温度过低，室内温度以 $18℃ \sim 22℃$ 为宜。

让宝宝养成讲究口腔
卫生的习惯

父母都不希望宝宝患龋齿，但怎样做才能避免宝宝患龋齿呢？其实龋齿的发生与口腔卫生有着十分密切的关系，父母应了解刷牙的重要性和正确的刷牙方法，早期对宝宝进行口腔卫生的启蒙教育及刷牙习惯的培养。宝宝自出生6个月左右开始长出乳牙，到2岁6个月左右乳牙全部长齐，共计20颗牙齿。由于这一时期宝宝对口腔卫生的意义不理解，所以，必须依靠父母做好宝宝的口腔卫生保健。

2岁左右的宝宝应该由父母戴着指刷为其刷牙，稍大一点儿的宝宝可考虑用幼儿牙刷刷牙，每日最少刷2次，且饭后或食用甜食后应及时漱口。在进行口腔清洁时，父母应密切观察宝宝易患龋齿的部位，如后牙的咬合面及邻接面，上下前牙的牙缝处，如果邻面刷不到，可用牙线清洁。只有持之以恒，才能养成良好的口腔卫生习惯。

大小便训练

1岁以后，宝宝的大便次数一般为每天1～2次，有的宝宝2天1次。如果很规律，大便形状也正常，父母不必过虑，均属正常现象。每天应坚持训练宝宝定时坐盆排便，慢慢养成定时排便的习惯。要使用宝宝能听得懂的简单语言；教宝宝用简单的语言表达上厕所的需求。每天可有2个小时不给宝宝穿尿布，让宝宝自己走到便盆处排便。

把握宝宝如厕
训练的时机

要等到宝宝真正准备好时再开始训练，这样整个训练过程对父母和宝宝来说才不会太痛苦。在决定训练如厕之前，最好对照一下基本清单，看看宝宝是不是已经准备好了。

2岁时，宝宝身心发育基本成熟，此时开始训练，往往只需2～3个月就可以让宝宝学会自己大小便。成熟早的宝宝，可以从1岁半开始训练。总之，就像引入辅食一样，要观察宝宝的状态，而不是去数日历上的日期。

	宝宝真的准备好了吗
1	排便有规律，大便柔软
2	能把裤子拉上拉下
3	模仿别人上厕所的习惯（喜欢看妈妈上厕所，想穿内裤）
4	排便的时候有反应，如会哼哼唧唧、蹲下或告诉妈妈
5	会说表示小便或大便的话，如"尿尿""臭臭"等
6	能够执行简单的指令，如"把玩具给我"
7	尿布湿了或脏了之后，会把尿布拉开，或跑过来告诉妈妈尿布脏了
8	爬到儿童马桶或成人马桶上
9	尿湿尿布的时间间隔变长，至少3小时
10	会研究自己的身体器官

注：如果以上10条中有5条或以上是符合的，说明宝宝准备好了，可以做如厕训练了。

家庭医生

视觉保护

视觉保护的意义

婴幼儿时期是视觉发育的关键时期和可塑阶段，也是预防和治疗视觉异常的最佳时期。因此，积极做好预防与保护工作非常重要。

视觉保护的方法

宝宝居住、玩耍的房间最好是窗户较大、光线较强的房间，家具和墙壁最好是明亮的淡色，如粉色、奶油色等，使房间获得最佳采光。

首先是自然光不足，可加用人工照明。人工照明最好选用日光灯，灯泡和日光灯管均应经常擦干净，以免降低照明度。

其次是看电视卫生。宝宝此期可能会非常喜爱观看电视节目，但要注意，1周岁以内的宝宝不能看电视。12～18个月每周不能超过2次，每次不能超过10分钟。

宝宝看图书、画画的坐姿要端正，书与眼的距离宜为33厘米，不能太近或太远，不能让宝宝躺着或坐车时看书，以免视力紧张、疲劳。

为了保护宝宝的视力，还要供给宝宝富含维生素A的食物，如肝、蛋黄、深色蔬菜和水果等，经常让宝宝进行户外游戏和体育锻炼，有利于恢复视觉疲劳，促进视觉发育。

掌握带宝宝看医生的最佳时机

咨询医生

父母对于宝宝总有一种直觉，能够明确地说清楚宝宝是否健康。有时疾病发生在宝宝身上，只是行为有些不正常，例如不像正常一样吃饭，或是异常的安静，或是异常狂躁。只有经常与宝宝待在一起的人才能发现这些迹象，这是发病的非特异征兆。

如果妈妈坚持认为宝宝生病了，就一定要去咨询医生，尤其是在出现一些可疑征兆时，更应该向医生咨询。

具体方法

如果宝宝的体温超过 38℃，能看出宝宝明显发病，应该去看医生；如果体温超过 39.4℃，即使看不出宝宝有什么发病的迹象，也要去看医生；如果宝宝发热时体温忽高忽低，或伴有幼儿惊厥，或体温连续 3 天达到 38℃ 以上，或宝宝出现发冷、嗜睡、异常安静、四肢无力等症状，都应该抓紧时间看医生。

	需要立即带宝宝去医院的情况
1	宝宝出现意外或烧伤；当宝宝失去了知觉时，无论其时间多么短，都要马上就医
2	宝宝外伤伤口较深，引起严重失血时；宝宝被动物、人或是蛇咬伤时；眼睛受到物体挫伤时，都一定要抓紧时间看医生
3	如果宝宝出现恶心、昏迷或者头痛时，应及时看医生
4	如果宝宝出现呼吸困难，每次呼吸均可见肋骨明显内陷，要及时看医生
5	如果宝宝呕吐严重，持续过久或是呕吐量很大，一定要及时看医生

宝宝智力加油站

宝宝开口说话要鼓励

通常，这个时候的宝宝可理解简短的语句，能理解和执行成人的简单命令；能够跟着大人的话语进行重复，谈话时会使用一些别人听不懂的话；经常说出的单词有20个左右，能理解的词语数量比能说出的要多得多；喜欢翻看图画书，并在上面指指点点。

爸爸妈妈在对宝宝进行语言教育时，除了要结合宝宝语言发育的规律，正确地教育引导宝宝语言向较高水平发展外，还要鼓励宝宝开口说话。

巧用心计，激发兴趣

对于一些比较腼腆和内向的宝宝，爸爸妈妈应巧用心计，耐心引导，激发宝宝的兴趣，鼓励他开口说话。和宝宝一起做游戏时，爸爸妈妈可以在一旁不停地说："兔子跑、小马跑、宝宝跑不跑？"当宝宝反反复复听到"跑"字以后，慢慢地就会开口说"跑"字了。

"延迟满足"训练法

有的爸爸妈妈没等宝宝说话，就会将宝宝想要的东西送过来，使宝宝没有了说话的机会，久而久之，宝宝从用不着说到懒得说，最后到不用开口讲话了，也就是说过分地照顾使宝宝错过了用言语表达需求的时机。

为了鼓励宝宝开口讲话，自己主动地表达需求，一定要和蔼、耐心地给他时间去反应，不要急于去完成任务。当宝宝要喝水时，必须先鼓励他说出"水"字来，然后你再把水瓶给他才行。如果宝宝性子急，不肯开口说话，就应该适当地等待，爸爸妈妈"延迟满足"的训练是可以促使宝宝开口说话的。

宝宝想象力的
发展与训练

动用想象力的宝宝更容易在面对不同的选择时做出抉择，想象力能为他们提供更多想象活动的机会。

宝宝想象力的发展与他的年龄有着密切的关系。假定给宝宝一个空盒子，1岁左右的宝宝首先想到用嘴咬，试图通过这种方式来探究空盒子的奥秘，他也可能将空盒子扔到地上，看盒子从空中直接冲向地面，然后在地面上滚动的情景，欣赏盒子掉落地面时发出的声音。并且，宝宝会一直尝试，一再地确认他所观察到的因果关系。

1岁半时	宝宝明白了盒子的用途，他可能会把一些小东西塞进盒子，当成他藏匿各种宝贝的仓库
2岁时	宝宝已经具备足够的想象力，他会挖掘出盒子的一些新功能，比如把盒子当成帽子戴在头上
3岁以后	宝宝想象力会获得突飞猛进的发展，这时他可能将一个简简单单的盒子想象成快艇、小动物的家、魔术盒，或者其他大人根本想都不会去想的东西

宝宝认知能力训练

这时宝宝能够根据物品的用途来给物品配对，比如茶壶和茶壶盖子是放在一起的。这些都是宝宝认知能力发展的表现，说明宝宝开始为周围世界中的不同物品分类并根据它们的用途来理解其相互关系。爸爸妈妈可以根据宝宝认知能力的发育特点，进行合理的培养训练。

认识自然现象

爸爸妈妈要注意培养宝宝的观察力和记忆力，并启发宝宝提出问题及回答问题。比如，观察晚上天很黑，有星星和月亮；早上天很亮，有太阳出来。通过讲述，使宝宝认识大自然的各种现象。

配对

爸爸妈妈可先将两个相同的玩具放在一起，再将完全相同的小图卡放在一起，让宝宝学习配对。在熟练的基础上，可写阿拉伯数字1和0，然后混放在图卡中，让宝宝通过配对认识1和0；配对的卡片中可画上圆形、方形和三角形，让宝宝按图形配对，以复习已学过的图形；用相同颜色配对以复习颜色。

认识自己的东西

宝宝的用品要放在固定的位置，让宝宝认识自己的毛巾、水杯、帽子等，也可进一步让宝宝指认妈妈的一两种物品。

第六章

18 ~ 24 个月
我要自己的事情自己做！

　　18 ~ 24 个月的宝宝处在独立性的萌芽期，爸爸妈妈要注重保护和培养宝宝的独立性。在日常生活中多给宝宝提供机会，让宝宝多与外界接触，丰富其生活经验，增强独立性，从而克服对爸爸妈妈的依赖。

体格发育监测标准

类别	男宝宝	女宝宝
身高	男孩平均 87.9 厘米	女孩平均 86.6 厘米
体重	男孩平均 13.3 千克	女孩平均 12.7 千克
头围	男孩平均 48.4 厘米	女孩平均 47.2 厘米
胸围	男孩平均 49.4 厘米	女孩平均 48.2 厘米
牙数	大多数宝宝长出 12 ~ 20 颗的牙	

· 爱的寄语 ·

· 成长记事本 ·

· 宝宝趣事 ·

宝宝智能发育记录

大动作 发育	会倒退着走，能用脚尖走几步；走路姿势是脚跟到脚趾着地，动作顺畅跑得很好，但是可能还会经常摔跤；爬家具、攀爬架和低矮的墙；踢较大的球；爬出婴儿床；上下楼梯；单脚平衡站立
感知觉 发育	认识红色，认识照片中的亲人，认识几种交通工具，知道代词"我"；有一定的记忆力如能认出家中其他的人，会拿凳子让成人坐下，会告诉成人要大小便，对一些图画中的画面有兴趣；能在柜子里找东西
社交能 力发展	1.5～2岁的宝宝大多喜欢各自玩耍，但是能关注和模仿同伴的动作，从与小伙伴的交往中获得特殊经验；在没有父母参与的情况下，宝宝能自己去面对各种从未遇到的交往场景，做出积极、友好的表示，以获得同伴的肯定和接纳
语言能 力发育	宝宝的话渐渐复杂起来了。他可能已经掌握了30个词，并开始问一些简单的问题，比如："去哪儿了？"然后用一两个字来回答："那儿。"事实上，他能使用许多由两个词组成的词组。他的词汇里已经包括了代词"我的"和否定词"不能"
睡眠 原则	1.5～2岁的宝宝，一般每天需要12个小时左右的睡眠，白天睡1～2次，每次1～1.5个小时，夜里至少保持9个小时睡眠
大小便 训练	教会宝宝自己上厕所并非一日之功，有的宝宝2个月就能学会，而有的宝宝则需要半年才能适应，因此，成人需要做好耐心辅导的心理准备。在教宝宝自己上厕所的同时，还应帮助宝宝逐渐克服尿床的习惯，但解决这个问题则需要0.5～1年的时间
自理能 力发展	会自己用小匙吃饭，会表示大小便，模仿大人擦桌子、扫地，会脱松紧带裤子，会穿袜子，会用手绢擦鼻涕

注：以上属于该月龄宝宝的普遍发育水平，所以若在该月龄范围内未达标，建议加强锻炼。

☆☆☆ 建议喂养方案

给宝宝补锌元素

在日常生活中，应多给宝宝吃锌元素含量多的食物，如鸡蛋、瘦肉、乳制品、莲子、花生、芝麻、核桃、海带、虾、海鱼、紫菜、栗子、杏仁、红豆等都是含有锌的食材；动物性食物比植物性食物含锌量高。如果经医生检测宝宝确实缺锌时，才可使用药物治疗，正常健康的宝宝都可通过食物补充锌元素。

辅食喂养要点

对于 1.5 ～ 2 岁宝宝来说，可以吃的食物多了起来，胃的排空和饥饿感是在饭后 4 ～ 6 小时产生的。这个时期的宝宝处在食欲、胃液分泌、胃肠道和肝脏等所有功能的形成发育阶段，所以为了宝宝的营养，除三餐外，应在上午 10 时和下午 3 时各加 1 次点心，否则满足不了宝宝的营养需要。当然也不能饮食过量，否则会影响宝宝的食欲，引起肥胖。

不要强迫宝宝进食

父母强迫宝宝进食，使进餐时的气氛紧张，也会影响宝宝的生长发育。因此，要给宝宝选择适合自己食物的权利。给宝宝制作食物时，可先喂面糊等单一谷类食物，然后再喂蔬菜、水果，接着再添加肉类，这样的顺序可帮助宝宝消化吸收，并且符合宝宝消化吸收功能发展的规律。

此时，宝宝的食物可以是肉泥和固体食物，可以把水果直接给宝宝吃，如苹果、香蕉等。让宝宝自己吃会有很大的乐趣。

给宝宝制作泥糊状食物时，应选择加工后颗粒细小、口感细腻嫩滑的食物，如苹果泥、蒸蛋等，这些食物有利于宝宝的消化吸收，等宝宝出牙后，可给宝宝喂食颗粒较粗大的食物，这有助于锻炼宝宝的牙齿，促进咀嚼功能的发展，这些方式都可让宝宝逐渐适应各种饮食，一定要避免强迫宝宝进食不喜欢吃的食物。

日常护理指南

生活环境

为宝宝布置适度刺激的环境

有意识地给宝宝一些粗细、软硬、轻重不同的物品，使其经受多种体验。要注意给宝宝布置生活环境，不能给宝宝过多的玩具，显得"刺激过剩"，这样反倒使宝宝无所适从，导致宝宝兴趣不专一，注意力不集中，也不利于培养宝宝有条理的习惯。

在环境中给宝宝提供的东西不可过多，适度就行，但要注重启发宝宝多想一些玩的方法，激发宝宝动脑动手的兴趣。

给宝宝探索环境的机会

因为这一时期的宝宝会在家里爬上爬下，找东找西。家长不能因为怕宝宝把家里的东西搞乱而把零散的东西收拾起来，除了把危险、不安全的因素"收"起来以外，还应该有意识地提供给宝宝一些不同的、有趣的物品，使宝宝经受多种体验。宝宝也会怀着好奇和兴趣去摆弄各种物品，从中探索到各种知识和心理经验，对发展宝宝的智力也是很有利的。

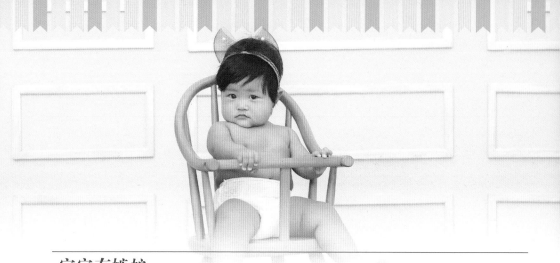

宝宝有嫉妒心理怎么办

从1.5岁起，人的嫉妒心理就开始有了明显而具体的表现。起初，宝宝的嫉妒大多与妈妈有关。生活中，我们可能看到这样的情形，当妈妈把自己的注意力转移到其他宝宝身上时，宝宝就会以攻击的形式对其他宝宝发泄嫉妒。

嫉妒心理产生的原因

一般宝宝产生嫉妒心理的主要原因有：受大人的影响，有些大人之间互相猜疑，互相看不起，或当着宝宝面议论、贬低他人，会在无形中影响宝宝的心理；另外，有的家长喜欢对自己的宝宝说他在什么方面不如某个小朋友，使宝宝以为家长喜欢其他小朋友而不爱自己，由不服气而产生嫉妒；也有的宝宝则因为能力较强（他自己也认为自己很有能力），而又没有受到"重视"和"关注"，所以才会对其他有能力的小朋友产生嫉妒。

再有，家长比较溺爱的宝宝，更容易出现这样的问题。只有了解了宝宝产生嫉妒的原因，才能对宝宝进行有针对性的教育。

纠正宝宝嫉妒的方法
建立良好的环境

父母应当在家庭中为宝宝建立一种团结友爱、互相尊重、谦逊容让的氛围，这是预防和纠正宝宝嫉妒心理的重要基础；要正确评价宝宝，如果表扬不当或表扬过度，就会使宝宝骄傲，进而看不起他人或对自己产生不正确的印象，继而在特定的情况下导致嫉妒的产生。

进行谦逊美德的教育

让宝宝懂得"谦虚使人进步，骄傲使人落后"的道理。让宝宝明白即使别人没有称赞自己，自己的优点仍然存在，如果继续保持自己的优点，又虚心学习别人的优点，就会真正地得到大多数人的喜爱。

要引导宝宝树立正确的竞争意识

家长要引导和教育宝宝用自己的努力和实际能力去同别人相比，不能用不正当、不光彩的手段去获取竞争的胜利，把宝宝的好胜心引向积极的方向。

家庭医生

如何预防
宝宝急性结膜炎

急性结膜炎是细菌或病毒感染所导致的眼结膜急性炎症。急性结膜炎的患儿发病急，常见的症状有眼皮发红、肿痛、怕光、白眼珠发红、眼角分泌物多、睡醒时甚至睁不开眼，有时眼周、颊部也红肿并伴淋巴结肿大等症状。

这种病传染性很强，因此，患儿的眼泪及眼角分泌物接触到的物品，如脸盆、手巾等，都应单独使用；给患儿点眼药的前后都要用洗手液；不要用给患儿擦过药的手揉眼睛；在医生的指导下使用眼药，再服用消炎药就可以很快治愈。

提防宝宝啃咬
物品中毒

防范原因

此阶段的宝宝喜欢往嘴里放一些东西，有些东西可能含有毒性，在宝宝将一些东西送入口中的时候，危险也随之而来，所以，家长一定要做好监护工作，提防宝宝啃咬东西中毒。

安全防范措施

一些文具含有毒素，如铅笔外面的彩色图案可能含有重金属，这会在宝宝啃咬时发生危险，所以应教育宝宝不要啃咬铅笔或其他一些物品。

一些饰品也会给宝宝带来危害，如耳环、项链、手链或脚环等，这些都是宝宝的最爱，但这些饰品的材质中含有毒性，如铅等，并且对于小件的饰品，宝宝还有可能吞入肚子而发生危险，所以，家长尽量不要让宝宝佩戴饰品，并且还要将一些小件的饰品收起来，以免宝宝吞进肚子发生危险。另外，其他的一些东西也要预防宝宝啃咬，随时发现随时制止。

宝宝智力加油站

☆ ☆ ☆

"淘气包"的个性
管理与培养

1.5～2岁的宝宝，喜欢冒险，喜欢高速摇摆的秋千和滑梯所带来的加速度快感，整天似乎都有用不完的精力。

"脏兮兮"的探险家

这时的宝宝在公共场所总是爱乱摸东西，小手、小脸以及衣服总是脏兮兮的。真是见什么摸什么，可以说在宝宝的世界里是没有"脏"的概念的。

其实，这是宝宝对自己未知的世界充满了好奇，通过自己动手去探索、认识和了解世界，自娱自乐的一种方式。所以，爸爸妈妈不能因为怕"脏"而阻止宝宝的探索行为，脏了洗干净就可以了，重要的是要让宝宝在玩儿中学会思考和观察。

爱"抢夺"的小霸王

这时的宝宝还有一些让大人更头痛的"坏"习惯，比如电话响了他要抢着接；看电视的时候抢遥控器；把电视打开再关掉；用电脑的时候抢鼠标等等，俨然成了一个有"抢夺"欲望的小霸王，这些真让爸爸妈妈感到头疼。

其实宝宝抢电话、抢遥控器等是因为他想模仿大人的行为。因此，每当电话响了，爸爸妈妈最好让宝宝先听听里面的声音；在看电视的时候，如果要换台就让宝宝来拿遥控器……这样做不仅满足了宝宝的好奇心，也为他提供了充分模仿学习的机会，"抢"东西的"坏"习惯也就自然消除了。

宝宝生活能力
培养训练

在这个时期要注重对宝宝生活能力的培养，妈妈应继续鼓励宝宝做力所能及的事，培养良好的睡眠、饮食、卫生等习惯和爱劳动、关心别人的品德。

教宝宝自己解开扣子，脱掉衣服，大小便后自己提裤子，洗手后用毛巾擦干手并将毛巾放回原处，自己用匙吃饭，游戏结束后将玩具收拾好放回原处等。

一日三餐

可安排宝宝每日早、中、晚三餐主食，在早、中餐及中、晚餐之间各安排一次点心。

教育宝宝睡觉前刷牙

妈妈可以先教宝宝刷牙的方法：前面上下刷，里面左右刷，打开门儿横着刷、竖着刷。

可以训练宝宝认识牙刷并知道牙刷的用途，还可以通过学习儿歌，教育宝宝从小养成讲卫生的好习惯。

饭前便后要洗手

对于宝宝来说，学会任何一种新的本领都是一件复杂的事。爸爸妈妈要有耐心，使宝宝能顺利地掌握构成技能的每一个动作。

大运动智能
培养训练

这时的宝宝运动能力强，尤其喜欢追着别人玩，也喜欢被别人追着玩。爸爸妈妈可以利用宝宝的这种特点，和他一起玩互相追逐的游戏，帮助他练习走和跑。

这时的宝宝有起步就跑的特点，爸爸妈妈注意不要让宝宝跑得太远、太累，要注意安全。

此阶段宝宝大运动智能发展	
攀 登	在爸爸妈妈的保护下，能够上 2 层楼
迈过障碍	能迈过 8 ～ 10 厘米高的杆
钻 圈	能先低头、弯腰、再迈腿
投 掷	能将 50 克重的沙包投出约爸爸妈妈的一臂远

宝宝的语言能力培养

宝宝从1.5～2岁的语言能力发展是从"被动"转向"主动"的活动时期，这时宝宝非常爱说话，整天叽叽喳喳说个不停，表现得极其主动。

在这个时期，宝宝学说话积极性很高，对周围事物的好奇心也很强烈，因此，这时爸爸妈妈要因势利导，除了在日常生活中巩固已学会的词句以外，还要让宝宝多接触自然和社会环境，在认识事物的过程中，启发宝宝表达自己的情感，鼓励宝宝说话。

让宝宝同娃娃讲话

宝宝在玩布娃娃时，口里会不断地发出古怪的声音，讲一些让人听不太懂的话。随着宝宝一天天长大，宝宝语言能力不断提高，这时爸爸妈妈可以培养宝宝慢慢地模仿大人的口气说"噢，乖乖，不哭""饿啦，妈妈喂"等，让宝宝自言自语和娃娃一起玩。

说出一件物品的用途

在宝宝掌握了一些常用物品的名称之后，爸爸妈妈要告诉宝宝这些物品是做什么用的。可以先从宝宝最熟悉的物品开始让他了解其用途，例如勺子是吃饭用的、奶瓶是喝水用的、饭碗是盛饭用的等。

还可以进一步告诉宝宝钥匙是开门用的、雨伞是挡雨用的……让宝宝渐渐说出一些物品的用途。

说出自己的名字

在宝宝能够使用小朋友的名字称呼伙伴的基础上，教宝宝准确地说出自己的大名、性别和年龄。

可以教宝宝记住爸爸和妈妈的名字，但是一般情况下，要让宝宝称呼为"爸爸"和"妈妈"，不可以直呼爸爸妈妈的名字。

数学启蒙训练

这个时期的宝宝空间意识加强，他们具备上下、里外、前后方位意识，并且知道空间是一个具体概念。同时，他们的逻辑思维能力也在加强，对于图形、色彩、分类等与数学相关的概念都能掌握。

爸爸妈妈应该在生活和游戏中多教宝宝一些相对概念，如大与小、高与矮等，并让宝宝进行比较，同时还要和宝宝多玩一些归类、配对游戏，促进他们逻辑推理能力的发展。

配配对

爸爸先准备红色、黄色、白色等不同颜色的小球若干，然后任意取出一种颜色的小球，再让宝宝取颜色相同的小球，进行配对。

当家中有两个或两个以上的宝宝时，爸爸妈妈还可以进行"看谁拿得又对又快"的游戏。

分分类

准备一副扑克牌，让宝宝按花色形状分成几堆，如按方块或红心。随后，可以让宝宝按红色和黑色分类，最后可按数字分类。这是一种学习颜色、形状和数字概念的极佳的游戏。

宝宝社交能力训练

宝宝到1.5岁时，就能够说50个词语，并呈级数增长。这时，宝宝开始把词连成句子，而且理解能力远远超出表达能力。当妈妈说"逛街去"，宝宝就会去拿鞋。到宝宝2岁时，就能够听从一些简单的指令，比如爸爸说"把书拿来"，宝宝就会去把书拿过来。

此时期的宝宝已有了语言，可以较多地和人交往，因此爸爸妈妈要教育宝宝初步懂得与人交往中一些简单的是非概念。

打招呼

爸爸妈妈要经常示范早晨见到人要说"早上好"，离家时挥手说"再见"，接受东西要说"谢谢"，同时要鼓励宝宝模仿。

辨别是与非

在日常生活中，与宝宝一起评论简单的是非观念，使宝宝自己分辨哪些是好事，哪些是坏事。要注意及时表扬宝宝所做的每一件好事。用眼神和手势示意，防止宝宝做不应做的事。并利用讲故事和打比方的办法让宝宝猜想事情的后果。

爸爸妈妈应常带宝宝到户外去玩，鼓励他与人交往，并引导宝宝仔细观察遇到的事物，告诉宝宝他遇到事物的名称和特点，以提高宝宝的交流能力。

第七章

24 ~ 36 个月

这是我想做的，请尊重我！

24 ~ 36 个月的宝宝自我意识开始形成，言语和动作发展迅速，对周围世界的认知范围扩大。父母要根据宝宝独立性的表现，抓住这个关键时期，该年龄段的宝宝一般会比较了解我想要做的是什么，在不违反道德伦理和涉及生命危险的基础上，不建议父母过于干预宝宝的想法，如果过于干预，形成依赖父母的习惯，导致无主见，改正就难了。

体格发育监测标准

类别	男宝宝	女宝宝
身 高	平均 95.1 厘米	平均 94.2 厘米
体 重	平均 14.5 千克	平均 13.9 千克
头 围	平均 49.2 厘米	平均 48.5 厘米
胸 围	平均 50.9 厘米	平均 49.7 厘米
牙 数	乳牙已经长全，共 20 颗	

• 爱的寄语 •

• 成长记事本 •

• 宝宝趣事 •

宝宝智能发育记录

大动作发育	会跑、会踢球、会双脚离地跳，双脚交替上楼梯，从末级台阶往下跳；双脚交替下楼，单脚站 10 秒钟，会骑小三轮车，举手过肩扔球
精细动作发育	会用 6 块积木或棋子搭高楼，学画圆形；能系扣、折纸、穿珠子，学画十字
感知觉发育	说出几种水果名称，说出常用物品的用途，背数到 5；分清上、下，知道大、小，认识圆形、方形、三角形等形状，认识 3 种颜色
社交能力发展	开始与小朋友一起玩，喜欢藏起来让别人找；随音乐节奏拍手、敲鼓
语言能力发育	会背整首儿歌，能说出自己的姓名及妈妈的姓名；会说 4 ~ 5 个字的句子，会唱歌，会说"你、他"，听故事时会回答一些简单的问题，回答反义词
睡眠原则	2 ~ 3 岁的宝宝每日需睡眠 10 ~ 12 个小时。大部分宝宝会在晚上 7 ~ 9 时入睡，早晨 6 ~ 8 时起床。从表面上看，孩子的睡眠周期与成人很相近了，但其实与成人相比，孩子经历更多次浅睡眠和深睡眠的转换。因此，在一整夜的睡眠过程中，孩子短暂醒来的次数要比成人多
大小便训练	晚上控制小便是最难的一件事，多数 2 ~ 3 岁的宝宝一连四五个小时不排尿是不可能的。家长可以让宝宝起床坐便盆，鼓励宝宝小便后再上床入睡
自理能力发展	会自己洗手，自己上厕所；会穿鞋，会穿短裤等简单衣服；能记住自家门牌号

注：以上属于该月龄宝宝的普遍发育水平，所以若在该月龄范围内未达标，建议加强锻炼。

建议喂养方案

这个时期的饮食原则

加强宝宝的咀嚼能力

2岁以后的宝宝已长出20颗左右的乳牙，有了一定的咀嚼能力，把肉类、蔬菜等食品切成小片、细丝或小丁就可以，不仅能满足宝宝对营养的需求，还可以加强宝宝的咀嚼能力。饺子、包子及米饭等，还有各类面食都适宜这个时期的宝宝。

适当给宝宝吃些点心

根据宝宝食量的大小，每天安排三餐和一次点心，以确保每天摄入足够的营养和食物。

可以选用水果、牛奶、营养饼干等作为点心，但为了不影响正餐要控制宝宝吃点心的数量和时间。

注意食品种类的多样化

豆类、鱼、肉、奶、蛋、水果、蔬菜、油各类食品都要吃。各类食品之间要搭配合理，粗细粮食品、荤素食品摄入的比例要适当，保证营养均衡，不能偏食。

每天要吃主食 100～150 克，蛋、肉、鱼类食品大概 75 克，蔬菜 100～150 克，还需 250 克左右的牛奶。

不要给宝宝吃刺激性的食品

为了增进宝宝的食欲，宝宝的饮食要考虑到品种及色、香、味、形的变换，但是不能给宝宝吃刺激性的食品，比如酒类、辣椒、咖啡、咖喱等，也不应该给宝宝吃油条、油饼、炸糕等食品。

给宝宝制作
美味的零食

关于宝宝吃零食的问题很多妈妈都左右为难，不给宝宝吃零食，又有点儿不近人情，也不可能不吃；给宝宝吃吧，又担心宝宝娇弱的身体受到添加剂的伤害。试试自己动手给宝宝制作健康的小零食吧。

名称	原料	方法
自制烤薯片	红薯（紫薯），植物油	先把红薯洗干净去皮，切成块；烤盘刷满植物油，把切成片的红薯铺平放在烤盘里；烤箱预热到160℃后把红薯片放入烤盘，时间为40～45分钟
奶油玉米	玉米棒，植物黄油，冰糖	先把玉米棒洗干净，切成3厘米厚的小段；将切好的玉米段放入锅里，加适量水和冰糖，用大火烧开后，用中火煮30分钟，然后放入少许植物黄油，使玉米带有香香的奶油味

日常护理指南

☆ ☆ ☆

宝宝穿衣能力
培养训练

宝宝在上了幼儿园之后，必须要自己穿、脱衣裤，如果宝宝在家没有掌握这项本领，到了幼儿园后，看到别的小朋友会自己穿、脱衣裤，内心就可能会产生紧张甚至自卑的心理。

扣扣子

教宝宝学扣扣子时，爸爸妈妈要先告诉宝宝扣扣子的步骤：先把扣子的一半塞到扣眼里，再把另一半扣子拉过来，同时配以很慢的示范动作，反复多做几次，然后让宝宝自己操作，并要及时纠正宝宝不正确的动作。

穿套头衫

穿套头衫时，要先教宝宝分清衣服的前后里外，领子上有标签的部分是衣服的后面，有兜的部分是衣服的前面，有缝衣线的是衣服的里面，没有缝衣线的是衣服的外面。

然后，再教宝宝穿套头衫的方法：先把头从上面的大洞里钻出去，然后再把胳膊分别伸到两边的小洞里，把衣服拉下来就可以了。

穿裤子训练

学习穿裤子和学习穿上衣一样，都要从认识裤子的前后里外开始。裤腰上有标签的在后面，有漂亮图案的在前面。

爸爸妈妈先教宝宝把裤子前面朝上放在床上，然后把一条腿伸到一条裤管里，把小脚露出来，再把另一条腿伸到另一条裤管里，也把脚露出来，然后站起来，把裤子拉上去就可以了。

穿鞋子训练

给宝宝准备的鞋子最好是带粘扣的，这样比较方便宝宝穿、脱。妈妈要先教宝宝穿鞋的要领：把脚塞到鞋子里，脚指头使劲儿朝前顶，再把后跟拉起来，将粘扣粘上就可以了。对宝宝来说，分清鞋子的左右是一件困难的事情，通常需要很长的时间练习才能掌握。

怎样教宝宝
自己的事情自己做

环境约束

现在的宝宝都有很多玩具，宝宝在 2 岁左右就应该让他养成整理东西的习惯，家长可以适当协助宝宝。父母要在宝宝的手够得到的地方，为宝宝做一个整理架，让宝宝自己把容易收藏的玩具放在架子上。

父母在给宝宝做整理架时，可以给架子贴上蓝、黄、红、绿等颜色的纸带，玩具上也贴上这些颜色，以帮助宝宝放置各类玩具，贴有红色纸带的玩具就让宝宝收藏在有红色纸带的架子上。

让宝宝学习简单的技能

如果父母认为 2 ~ 3 岁的宝宝什么都不能做，那就错了。事实上，在宝宝 2 岁左右时，父母就可以把一块擦桌布放在他的手中，让他学着干家务，此外，还可以叫宝宝帮忙拿东西，擦桌子、椅子、扫地等做简单的家务。

让宝宝在生活中学习简单的技能是一种有效的教育方式。在教宝宝学习这些简单的技能时，无论宝宝做得怎样，家长决不可批评宝宝。家长的批评会让宝宝丧失信心，而且还会让宝宝感到自卑。宝宝自己动手做事的习惯就难以养成，直接影响了宝宝以后的自理能力。由此可见，家长应该重视宝宝的做事成果，鼓励宝宝做事，宝宝就会对自己更有信心，也会增强生活的自理能力。

✿ 小贴士

让宝宝学会整理

不要让宝宝一次拿出很多玩具，要让他养成整理好一个再拿下一个的习惯。这样训练下去，宝宝最后的整理工作就会变得很轻松。这种习惯的养成最初要用命令的方式进行，父母要有一些强制性的指导才能让宝宝养成习惯。

家庭医生

培养宝宝的自我保护意识

引导宝宝记住父母或家人的名字、地址等；不要碰家里的一些危险用品，如插座、煤气、酒精等。告诉宝宝不能乱吃药，特别是带甜味的药品；宝宝生病的时候，告诉宝宝怎样做才对身体恢复有好处，生病期间哪些东西不能随便吃。总之，只要家长有了安全意识，宝宝在潜移默化中也会树立安全意识，当然就会在日常的生活和活动中提高自我保护的能力。

乳牙疾病危害大

宝宝小小的乳牙如果护理不当，会带来无法弥补的危害。

危害	原因
影响肠胃功能的发育	乳牙疾病产生的痛苦会让宝宝因疼痛而无法将食物咀嚼完全，这样会增加宝宝肠胃的负担，造成消化不良或其他方面的肠胃疾病
影响营养的均衡摄入	宝宝正处在快速的生长发育期，然而乳牙疾病会降低宝宝的咀嚼功能，影响营养的摄入，对宝宝的成长带来危害
影响颌面部的正常发育	咀嚼功能的刺激能促进颌面骨正常发育。若乳牙疼痛，宝宝容易养成偏侧咀嚼的习惯，时间长了，容易使两侧颌骨和面部发育不对称
影响心理发育	乳门牙若太早断折，尤其是在宝宝3岁之前，易对宝宝发育造成影响，若受到小朋友的取笑，会使宝宝变得不爱开口说话，丧失自信心，导致心理问题
影响恒牙的正常萌出	如果乳牙龋坏严重，会影响宝宝恒牙胚的发育和形成；若因产生龋齿而过早脱落，会使恒牙的萌发空间丧失，导致恒牙排列不整齐

优化培养方案

宝宝的个性发展与培养

2～3岁的宝宝个性发展非常快，这时宝宝体会到了自己的意志力，懂得了有可能通过争斗来统治别人。这时候宝宝的括约肌也开始发挥作用，宝宝学会了控制大小便，可是一旦失禁并挨了训斥，宝宝就会觉得羞愧。这个时期宝宝的性格可以从三个方面来描述：

活动性，即所有行为的总和，包括运动量、语速、充沛的活动精力等等；情绪化，即易烦乱、易苦恼、情绪激烈，这样的宝宝比较难哄；交际性，即通过社会交往寻求回报，这样的宝宝喜欢与别人在一起，也喜欢与别人一起活动，他们对别人反应积极，也希望从对方那得到回应。宝宝的性格是这三个部分的混合体，三部分的比例可能有多有少。

不同个性宝宝的培养方案	
好动的宝宝	好动的宝宝动个不停，睡眠不多，爸爸妈妈要适应他的这种特点，并且鼓励宝宝看一些绘本书提高专注力
情绪化的宝宝	情绪化的宝宝爱哭闹，爸爸妈妈就要细心地照料、支持、指导和帮助宝宝，这样会让宝宝觉得更安全些，也就不会那么易于激动了
爱交际的宝宝	爱交际的宝宝，父母可以让他多做选择和自主决定，且莫过于专制

2～3岁宝宝的 心理特征

这时宝宝的逆反心理开始出现，并且好奇心也很强，于是凡事宝宝都想自己解决，但由于经验不足，不仅常常把事情搞砸了，也会给身边的人带来很多麻烦。此外，这时宝宝的依赖心理与分离焦虑情绪也很明显，由于这些个性特点，使宝宝很难与人相处。

依赖心理与分离焦虑

妈妈才刚离开一会儿，宝宝就早已鼻涕眼泪的涂了一脸，这到底是怎么回事呢？本阶段正是宝宝产生"依赖"心理之时，因此这时宝宝会对最亲近的人产生"分离焦虑"，他就像一块橡皮糖似的黏着妈妈，否则就会哭闹不休。在这一时期，爸爸妈妈常常会考虑是否应该将宝宝送入幼儿园。

逆反心理

这时宝宝的逆反心理也出现了，凡事都想自己来做。由于各种能力的不断增长，宝宝会走、会跑、会说话，所以他会常常觉得："我已经长大了，可以自己完成所有的事。"以至于凡事都想自己来做，但是往往做得不好，弄得爸爸妈妈也跟着紧张。

对于照顾者来说，2岁多的宝宝真是太难对付了，不闹时乖得像可爱的小天使，一旦发起脾气来简直像个小恶魔，实在让人不敢领教。

难以与人相处

2岁多的宝宝即使上了幼儿园，通常也是老师心中难缠的角色，因为这时的宝宝比较容易出现抢同学玩具的情形，偶尔还会出现咬人、推人的情况。其实，这与宝宝心理的变化有一定的关系。

宝宝刚从舒适的家里进入另一个陌生的环境，难免会有些不适应，在家里他是唯一的宝贝，他会理所当然地认为："所有的东西都是我的！"看到别人有的东西自己也想拥有，这是2岁宝宝的一个特性，也是爸爸妈妈和老师们最感棘手的问题。

2～3岁宝宝的
心理教育

　　2～3岁的宝宝心理和行为都在发生变化。随着智力和语言能力的发展，宝宝开始有了一些属于自己的想法，但是由于没有自己处理事情的实践经验和能力，因此常常会有一些不容易让别人理解的行为出现，从而造成爸爸妈妈的困扰，增加了亲子之间的冲突。

　　如此反而会让宝宝更加任性，爸爸妈妈应该拥有正确的教养观念：疼爱宝宝，但不要溺爱宝宝，在宝宝淘气时要坚持原则；当宝宝吵闹时，要用他可以理解的话语告诉他，那样做是不对的。

与宝宝更好相处的教育方法	
一致性的教育模式	如果宝宝已经入托了，爸爸妈妈要多与学校的老师沟通。爸爸妈妈可以将宝宝在家里的情况记录下来，然后将记录带到学校和老师一起讨论，建立起家庭教育和学校教育尽量一致的教育模式，这样才不会使宝宝无所适从，同时对宝宝的心理和行为也比较容易把握，易于引导
故事教育	许多爸爸妈妈也许会质疑："和小宝宝讲道理，他能听得懂吗？"可千万别小看宝宝的能力，用宝宝听得懂的语言与他对话，效果通常都不错。很多时候，用讲故事的方式来引导宝宝，尝试和宝宝正向沟通，或许会有意想不到的效果
坚持原则	不少爸爸妈妈在宝宝要脾气时，会采取妥协、满足宝宝的需求等消极的解决方式，以求能迅速地让宝宝安静下来，这是不可取的，要坚持原则

好品质的培养方法

　　要想宝宝拥有良好的品质，爸爸妈妈要从以下几点做起：

尊重并多给一些自由
　　培养宝宝优良的品质，首先爸爸妈妈必须学会尊重宝宝，并多给他一点儿自由，爸爸妈妈对宝宝表现出的任何一点创造性的萌芽都要给予热情的肯定和鼓励，这样才能有助于宝宝从小养成独立思考和勇于创新的个性品质。

表扬和批评要恰如其分

爸爸妈妈要运用适当的表扬和批评帮助宝宝明辨是非，提高道德判断能力，这在宝宝的个性发展中起着"扬长避短"的作用。不过，爸爸妈妈在表扬宝宝时，要着重指出宝宝值得表扬的品质、能力或其他方面的具体行为，而不宜表扬宝宝整个人，不宜笼统地加以肯定或赞赏。

以身作则，树立榜样

爸爸妈妈要树立起榜样，要以自己的良好的个性品质去影响宝宝。宝宝大部分的行为方式是在模仿爸爸妈妈的行为过程中学到的。

健康的身体与情绪

一个人的个性往往与他的体质、情绪有关，宝宝如果长期身体不好，就会表现出性情忧郁；而宝宝身体健康，往往会表现出活泼可爱。

宝宝入园
准备攻略

宝宝 2 岁之后，父母就可以考意将宝宝送到幼儿园了，集体教育可以培养宝宝良好的社会适应能力，提高语言能力和思维能力，所以将宝宝送到幼儿园是非常必要的。

入园准备

1. 在宝宝进入幼儿园前两个月或再提前几个月，最好带宝宝上幼儿园开办的亲子园。一般好的幼儿园现在都有亲子园或者亲子班，这样宝宝知道幼儿园是和小朋友在一起玩的地方，而且他会在活动过程中认识许多小朋友和老师，还会玩到许多家中没有的玩具，这样不仅熟悉了幼儿园的环境，同时也熟悉了小朋友和老师，可以帮助宝宝顺利地进入幼儿园。

2. 在上幼儿园前，让宝宝多与邻居的宝宝玩耍和交往，学会和别人相处，为集体生活做准备。

3. 有意培养宝宝的生活自理能力。在家里，宝宝有专人看护，吃饭、喝水的时候都有人照顾，但是到了幼儿园就不同了，吃饭、喝水都需要宝宝自己了，所以还是需要在家提前锻炼。另外，要让宝宝自己洗脸、洗手、脱穿衣服、上厕所、独立睡觉等，在幼儿园孩子多，老师少，难免有照顾不到的地方。

4. 了解一下幼儿园的作息制度和要求，提前调整宝宝的作息时间，逐渐使宝宝在家的作息和幼儿园的一致，这样宝宝入园后才不会感到不适应。

5. 让宝宝学会清楚地表达，如果宝宝表达能力差，那么宝宝的状况和要求就容易被老师忽略。因此父母要多和宝宝说话，鼓励宝宝说出自己的想法，即使父母已经猜到宝宝想要什么，也要鼓励宝宝说出来。

不要有一入园就生病的错觉

　　宝宝入园的时候，父母除了入园问题，最担心的恐怕就是"一入园就生病"了。在幼儿园里容易生病的宝宝通常是自身抵抗力比较弱、容易焦虑、适应能力差的。在新环境中，很容易引发宝宝的焦虑情绪，如果父母不能帮他调整情绪就很容易生病。另外，宝宝从被精心照顾的小环境进入到集体环境，接触的人多了，接触各种病原体的机会也多了，患病的次数就会增加。但是病好后，宝宝也就会产生抗体，他的抗病能力也会逐渐增强。

　　不过在幼儿园里，更多的生病情况不是出现在刚入园时，而是在季节交替、天气变冷的时候。在这个阶段，父母要特别关注宝宝的健康。

想办法消除宝宝的恐惧感

　　父母可以对症下药，针对不同的原因进行不同的开导，消除宝宝的恐惧症。

　　1. 送宝宝去幼儿园时，先告诉宝宝："你在幼儿园开心玩，下午放学时妈妈会来接你的。"要让宝宝感觉到父母并没有扔下他不管，他会很快回到父母身边。

　　2. 父母态度要坚决，坚持将宝宝天天送幼儿园，要告诉他"明天该去幼儿园了"，让他明白，他去幼儿园和爸爸妈妈上班一样，是必须要做的一件事情。

　　3. 不要在送宝宝到幼儿园后悄悄离开，这种做法只会造成宝宝更大的不安和恐惧。父母最好将宝宝安顿好后，让他感到放心后再离开。如果宝宝依然不让你离开，那么你态度一定要坚决，否则宝宝容易产生强烈的依赖心理，不利于焦虑的消除。

　　4. 不要哄骗宝宝或者答应宝宝的不合理要求，即使宝宝天天哭闹也不能动摇。

家长要对幼儿园有信心

　　1. 相信老师有办法安慰宝宝。家长的焦虑不安会感染宝宝，使他更感到害怕和孤独。

　　2. 如果宝宝胆小内向，可请老师介绍一个活泼外向的小朋友和他一起玩。

　　3. 向老师了解宝宝的表现，有微小的进步都要给予表扬，这对宝宝是一种精神安慰和鼓励。

　　4. 刚进幼儿园的前几天，可以早一点接宝宝，以免宝宝因小伙伴少而更加孤单。

　　5. 回家后多与宝宝谈幼儿园的生活，从正面引导宝宝对园里生活的美好回忆。

　　6. 切记不要以送幼儿园作为对宝宝的威胁，这样他会加深对幼儿园的反感。

新浪微博　　　　　微信公众号
高级育婴师小淘老师　高级育婴师小淘老师

陈 昭

国家三级育婴师（高级育婴师）
国家二级心理咨询师（高级心理咨询师）

2006年开始从事母婴行业，从业以来，曾帮助120万家庭解决育儿问题。任《小淘说》《了不起的妈妈》《萌娃辅食记》等栏目的特约嘉宾，擅长从生理结构角度入手健康育儿，从心理发展角度入手轻松育儿，是中国育婴领域的标志人物。她新颖的育儿理念，结合古法育儿经典，是集科学性和实用性于一身的精华。120万妈妈亲身实践证明：小淘老师的观点易懂、实用、易操作。

这是一本风靡妈妈群的育儿图书。本书根据6个月~3岁宝宝的营养需求和身体发育特点，详解辅食添加的原则和方法，精选了2000余款宝宝辅食食谱，配以详细的制作过程图，帮助新手父母成为宝宝的"辅食达人"，让宝宝辅食吃得好，身体长得壮！

欢迎关注**吉林科学技术出版社**
微信公众号

吉林科学技术
出版社客服
微信号：jike2019

吉林科学技术出版社怀孕群
吉林科学技术出版社育儿群

在这里，有专业的医生解决你的育儿疑问
在这里，有母乳指导帮助你实现母乳喂养的梦想
在这里，有营养师订制宝宝每一餐的丰盛辅食
在这里，妈妈们聚在一起聊聊怀孕、育儿的那些事
添加吉林科学技术出版社客服微信，进入温馨的微信群